信 息 技 术 人 才 培 养 系 列 教 材

微信小程序

开发与实战

千锋教育｜策划　**虞芬 张扬 靳红霞**｜主编　**徐秀红 邹贤芳 邢水红**｜副主编

U0234282

人民邮电出版社

北 京

图书在版编目（CIP）数据

微信小程序开发与实战：微课版 / 虞芬，张扬，靳
红霞主编. -- 北京：人民邮电出版社，2022.9（2024.1重印）
信息技术人才培养系列教材
ISBN 978-7-115-59205-7

Ⅰ．①微… Ⅱ．①虞… ②张… ③靳… Ⅲ．①移动终
端－应用程序－程序设计－教材 Ⅳ．①TN929.53

中国版本图书馆CIP数据核字(2022)第069520号

内 容 提 要

微信小程序是一种"即用即走"的应用。本书重视理论讲解与实际操作的结合，力求通过丰富的案例详细讲解微信小程序开发的流程和实用技术。

全书共 15 章，第 1～13 章内容包括微信小程序简介、微信开发者工具、微信小程序起步、小程序的配置文件、WXML 语法基础、WXSS 样式处理、WXS 语法、小程序中 JavaScript、微信小程序核心组件、微信小程序核心 API、微信小程序开放能力、微信小程序云开发、自定义组件与第三方 UI 组件库，最后两章还引入了两个项目实战案例，以便读者上手体验微信小程序的真实开发流程。

本书可作为高等院校计算机及其相关专业的教材，也可作为广大计算机编程爱好者的参考用书。

◆ 主　编　虞　芬　张　扬　靳红霞
　　副主编　徐秀红　邹贤芳　邢水红
　　责任编辑　李　召
　　责任印制　王　郁　陈　犇
◆ 人民邮电出版社出版发行　　北京市丰台区成寿寺路 11 号
　　邮编　100164　电子邮件　315@ptpress.com.cn
　　网址　https://www.ptpress.com.cn
　　三河市祥达印刷包装有限公司印刷
◆ 开本：787×1092　1/16
　　印张：16.25　　　　　　　　　2022 年 9 月第 1 版
　　字数：481 千字　　　　　　　2024 年 1 月河北第 4 次印刷

定价：59.80 元

读者服务热线：(010)81055256　印装质量热线：(010)81055316
反盗版热线：(010)81055315
广告经营许可证：京东市监广登字 20170147 号

前言

微信小程序的"即用即走"，简单来说就体现在不用下载便能使用。经过多年的发展，微信小程序已经构建了全新的开发环境和开发者生态。本书将从最基础的知识入手，带领读者一起揭开微信小程序的神秘面纱。本书深入讲解环境搭建、语法规范、组件表单、网络请求，从简单用法到综合实战均配有案例，力求使读者快速掌握微信小程序开发技术。

党的二十大报告中提到："全面提高人才自主培养质量，着力造就拔尖创新人才，聚天下英才而用之。""微信小程序"是许多计算机专业学生的必修课。本书内容紧跟前沿开发技术：在时效性上，与时俱进；在语言描述上，力求准确、易懂；在语法阐释上，避免冗繁；在示例讲解上，做到翔实、精练；在项目开发上，注重实践、实用。

本书特点

1. 案例式教学，理论结合实战

（1）经典案例涵盖所有主要知识点

✦ 根据每章重要知识点，精心挑选案例，促进隐性知识与显性知识的转化，将书中隐性的知识外显，或将显性的知识内化。

✦ 案例包含运行效果、实现思路、代码详解。案例设置结构清晰，方便教学和自学。

（2）企业级大型项目，帮助读者掌握前沿技术

✦ 引入企业一线项目，进行精细化讲解，厘清代码逻辑，从动手实践的角度，帮助读者逐步掌握前沿技术，为高质量就业赋能。

2. 立体化配套资源，支持线上线下混合式教学

✦ 文本类：教学大纲、教学 PPT、课后习题及答案、测试题库。

✦ 素材类：源码包、实战项目、相关软件安装包。

✦ 视频类：微课视频、面授课视频。

✦ 平台类：教师服务与交流群、锋云智慧教辅平台。

3. 全方位的读者服务，提高教学和学习效率

✦ 人邮教育社区（www.ryjiaoyu.com）。教师通过社区搜索图书，可以获取本书的出版信息及相关配套资源。

❖ 锋云智慧教辅平台（www.fengyunedu.cn）。教师可登录锋云智慧教辅平台，获取免费的教学和学习资源。该平台是千锋专为高校打造的智慧学习云平台，传承千锋教育多年来在 IT 职业教育领域积累的丰富资源与经验，可为高校师生提供全方位教辅服务，依托千锋先进教学资源，重构 IT 教学模式。

❖ 教师服务与交流群（QQ 群号：777953263）。该群是人民邮电出版社和图书编者一起建立的，专门为教师提供教学服务，分享教学经验、案例资源，答疑解惑，提高教学质量。

教师服务与交流群

致谢及意见反馈

本书的编写和整理工作由高校教师及北京千锋互联科技有限公司高教产品部共同完成，其中主要的参与人员有虞芬、张扬、靳红霞、徐秀红、邹贤芳、邢水红、吕春林、徐子惠、贾嘉树等。除此之外，千锋教育的 500 多名学员参与了本书的试读工作，他们站在初学者的角度对本书提出了许多宝贵的修改意见，在此一并表示衷心的感谢。

在本书的编写过程中，我们力求完美，但书中难免有一些不足之处，欢迎各界专家和读者朋友给予宝贵的意见，联系方式：textbook@1000phone.com。

编者

2023 年 5 月

目 录

第1章
微信小程序简介

1.1 什么是微信小程序 ················· 1
 1.1.1 微信小程序的定义 ············· 1
 1.1.2 微信小程序的诞生 ············· 1
1.2 微信小程序的本质 ················· 2
 1.2.1 微信小程序与公众号 ··········· 2
 1.2.2 微信小程序与 App ············· 3
 1.2.3 微信小程序不是 HTML5 ········ 3
 1.2.4 微信小程序是功能性公众号 ····· 4
1.3 微信小程序的优势与特点 ········· 5
 1.3.1 即用即走、无须下载 ··········· 5
 1.3.2 低门槛、低成本 ··············· 5
 1.3.3 解决公众号的痛点 ············· 5
 1.3.4 更高的安全性 ················· 6
1.4 微信小程序的生态及应用 ········· 6
 1.4.1 独立的软件生态系统 ··········· 6
 1.4.2 微信小程序社区 ··············· 6
 1.4.3 微信小程序的应用场景 ········· 7
 1.4.4 微信小程序的未来发展 ········· 7
1.5 本章小结 ························· 8
1.6 习题 ····························· 8

第2章
微信开发者工具

2.1 申请小程序账号和登录微信公众平台 ··· 9
 2.1.1 申请小程序账号 ··············· 9
 2.1.2 登录微信公众平台 ············· 12
2.2 微信开发者工具的介绍与安装 ····· 13
 2.2.1 微信开发者工具介绍 ··········· 13
 2.2.2 安装微信开发者工具 ··········· 14
2.3 微信开发者工具界面介绍 ········· 15
 2.3.1 启动微信开发者工具 ··········· 15
 2.3.2 菜单栏介绍 ··················· 19

 2.3.3 工具栏介绍 ··················· 20
 2.3.4 窗口介绍 ····················· 21
2.4 微信开发者工具功能介绍 ········· 22
 2.4.1 功能设置 ····················· 22
 2.4.2 代码编辑 ····················· 25
 2.4.3 小程序调试 ··················· 25
 2.4.4 小程序开发辅助设置 ··········· 28
2.5 编写第一个微信小程序 ··········· 29
 2.5.1 新建微信小程序项目 ··········· 29
 2.5.2 微信小程序的代码编写 ········· 29
 2.5.3 微信小程序的预览与发布 ······· 31
2.6 本章小结 ························· 31
2.7 习题 ····························· 31

第3章
微信小程序起步

3.1 小程序代码组成 ················· 32
 3.1.1 小程序开发与传统前端开发 ····· 32
 3.1.2 WXML 模板 ·················· 33
 3.1.3 WXSS 样式 ··················· 34
 3.1.4 JS 脚本 ······················ 34
 3.1.5 JSON 配置 ··················· 34
3.2 小程序宿主环境 ················· 34
 3.2.1 小程序的渲染机制 ············· 34
 3.2.2 程序与页面 ··················· 36
 3.2.3 小程序的内置组件 ············· 37
 3.2.4 小程序的 API ················· 37
 3.2.5 小程序的事件处理 ············· 38
3.3 小程序应用能力 ················· 39
 3.3.1 原生 CSS 布局 ················ 39
 3.3.2 界面交互反馈 ················· 40
 3.3.3 HTTPS 网络通信 ·············· 40
 3.3.4 本地数据缓存 ················· 41
 3.3.5 连接设备硬件 ················· 41
 3.3.6 微信开放能力 ················· 41
3.4 小程序组件化 ··················· 42

3.4.1 小程序基础组件…………… 42
3.4.2 自定义组件………………… 42
3.4.3 第三方组件库……………… 42
3.5 本章小结……………………………… 42
3.6 习题…………………………………… 43

第 4 章
小程序的配置文件

4.1 全局配置文件…………………………… 44
4.1.1 页面路径配置……………… 44
4.1.2 启动首页配置……………… 45
4.1.3 窗口样式配置……………… 45
4.1.4 tab 栏配置………………… 47
4.1.5 网络超时配置……………… 48
4.1.6 小程序接口权限配置……… 48
4.1.7 小程序样式版本配置……… 49
4.1.8 全局自定义组件配置……… 49
4.2 页面配置文件…………………………… 50
4.2.1 导航栏配置………………… 51
4.2.2 窗口配置…………………… 51
4.2.3 页面加载配置……………… 52
4.3 sitemap 配置文件………………………… 53
4.3.1 sitemap 介绍……………… 53
4.3.2 小程序的索引规则………… 53
4.4 项目配置文件…………………………… 54
4.5 本章小结………………………………… 55
4.6 习题……………………………………… 55

第 5 章
WXML 语法基础

5.1 WXML 文件介绍……………………… 56
5.2 数据绑定………………………………… 57
5.2.1 简单内容绑定……………… 57
5.2.2 属性绑定…………………… 58
5.2.3 模板运算…………………… 58
5.2.4 标记的公共属性…………… 60
5.3 条件渲染………………………………… 60
5.3.1 基础语法…………………… 60
5.3.2 条件渲染与隐藏属性……… 61
5.4 列表渲染………………………………… 62
5.4.1 基本语法…………………… 62
5.4.2 key 属性…………………… 63

5.5 模板与引用……………………………… 64
5.5.1 WXML 模板………………… 64
5.5.2 WXML 引用………………… 65
5.6 事件处理………………………………… 66
5.6.1 什么是事件………………… 66
5.6.2 事件类型和事件对象……… 67
5.6.3 事件绑定与冒泡捕获……… 68
5.7 本章小结………………………………… 70
5.8 习题……………………………………… 70

第 6 章
WXSS 样式处理

6.1 尺寸单位………………………………… 71
6.1.1 rpx………………………… 71
6.1.2 rem………………………… 72
6.2 选择器…………………………………… 72
6.3 样式导入………………………………… 73
6.3.1 内联样式…………………… 73
6.3.2 外联样式导入……………… 74
6.4 布局……………………………………… 74
6.4.1 盒子模型…………………… 74
6.4.2 浮动和定位………………… 75
6.4.3 Flex 布局…………………… 78
6.5 本章小结………………………………… 79
6.6 习题……………………………………… 79

第 7 章
WXS 语法

7.1 WXS 介绍……………………………… 80
7.2 基础语法………………………………… 80
7.2.1 WXS 模块…………………… 80
7.2.2 变量………………………… 82
7.2.3 注释………………………… 83
7.2.4 运算符……………………… 83
7.2.5 语句………………………… 86
7.3 数据类型………………………………… 88
7.3.1 基本数据类型……………… 89
7.3.2 引用数据类型……………… 89
7.3.3 正则表达式………………… 90
7.3.4 数据类型判断……………… 91
7.4 基础类库………………………………… 92
7.5 本章小结………………………………… 92

7.6　习题·······················92

第8章
小程序中的 JavaScript

8.1　小程序的运行环境·················93
　　8.1.1　MINA 框架介绍···········93
　　8.1.2　小程序启动机制···········94
　　8.1.3　小程序加载机制···········94
　　8.1.4　小程序对 JavaScript 的支持···95
　　8.1.5　小程序宿主环境差异·······96
8.2　生命周期·····················97
　　8.2.1　应用的生命周期··········97
　　8.2.2　页面的生命周期··········97
8.3　模块化······················98
8.4　小程序的 API··················99
8.5　本章小结·····················99
8.6　习题·······················100

第9章
微信小程序核心组件

9.1　视图容器组件··················101
　　9.1.1　基础视图容器组件········101
　　9.1.2　滑块视图容器组件········102
　　9.1.3　可滚动视图容器组件······104
　　9.1.4　可移动视图容器组件······106
　　9.1.5　原生视图容器组件········108
9.2　基础组件····················109
　　9.2.1　文本组件·············109
　　9.2.2　富文本组件···········110
　　9.2.3　进度条组件···········112
　　9.2.4　图标组件·············113
9.3　表单组件····················114
　　9.3.1　按钮···············115
　　9.3.2　输入框·············117
　　9.3.3　单选按钮············119
　　9.3.4　复选框·············120
　　9.3.5　选择器·············122
　　9.3.6　表单···············126
9.4　导航组件····················128
9.5　媒体组件····················130
　　9.5.1　音/视频组件··········130

　　9.5.2　图片显示组件··········135
　　9.5.3　系统相机组件··········136
9.6　地图组件····················137
9.7　本章小结····················139
9.8　习题·······················139

第10章
微信小程序核心 API

10.1　微信小程序 API 介绍············141
10.2　获取设备与系统信息············142
　　10.2.1　获取窗口信息·········142
　　10.2.2　获取设备信息·········143
　　10.2.3　获取系统信息·········143
　　10.2.4　获取微信应用信息······144
10.3　网络请求···················145
　　10.3.1　发送 HTTPS 请求······145
　　10.3.2　上传与下载··········146
10.4　路由与跳转··················147
　　10.4.1　小程序内页面跳转······147
　　10.4.2　小程序应用间跳转······148
10.5　界面交互与反馈···············149
　　10.5.1　页面弹框···········149
　　10.5.2　下拉刷新···········151
10.6　多媒体····················152
10.7　文件系统···················153
10.8　设备传感器调用···············154
10.9　本地数据缓存················155
10.10　本章小结··················157
10.11　习题····················157

第11章
微信小程序开放能力

11.1　微信登录与授权···············158
　　11.1.1　小程序登录流程········158
　　11.1.2　小程序授权管理········159
　　11.1.3　开放数据校验与解密·····159
11.2　获取用户信息················160
11.3　微信支付···················163
　　11.3.1　微信支付介绍·········163
　　11.3.2　微信支付接入·········163
　　11.3.3　小程序支付··········164

　　11.3.4　发起微信支付 API ·········· 165
11.4　分享、收藏与转发 ··············· 167
11.5　小程序订阅消息 ··············· 168
11.6　本章小结 ····················· 169
11.7　习题 ························· 170

第 12 章
微信小程序云开发

12.1　云开发简介 ··················· 171
　　12.1.1　什么是云开发 ··············· 171
　　12.1.2　云开发的优势 ··············· 172
　　12.1.3　云开发权限设置 ············· 172
12.2　云数据库 ····················· 174
　　12.2.1　云数据库介绍 ··············· 174
　　12.2.2　云数据库数据类型 ··········· 175
　　12.2.3　云数据库权限管理 ··········· 176
　　12.2.4　云数据库增/删/改/查 ········· 177
　　12.2.5　数据迁移 ················· 180
　　12.2.6　数据备份 ················· 182
12.3　云函数 ······················· 182
　　12.3.1　云函数介绍 ················ 182
　　12.3.2　云函数调用 ················ 183
12.4　云存储 ······················· 184
　　12.4.1　云存储介绍 ················ 184
　　12.4.2　文件管理 ················· 185
12.5　云托管 ······················· 186
　　12.5.1　云托管介绍 ················ 186
　　12.5.2　环境创建与管理 ············· 187
12.6　本章小结 ····················· 188
12.7　习题 ························· 188

第 13 章
自定义组件与第三方 UI 组件库

13.1　组件化开发与自定义组件 ········· 189
　　13.1.1　组件化开发 ················ 189
　　13.1.2　自定义组件 ················ 189
13.2　Vant Weapp 组件库 ··········· 193
　　13.2.1　安装 Vant Weapp 组件库 ······ 193
　　13.2.2　核心组件介绍 ··············· 195
　　13.2.3　组件的属性 ················ 196
　　13.2.4　组件的事件与插槽 ··········· 197
　　13.2.5　业务组件 ················· 198

13.3　本章小结 ····················· 200
13.4　习题 ························· 200

第 14 章
项目实战：电影之家小程序

14.1　项目简介 ····················· 201
　　14.1.1　项目概述 ················· 201
　　14.1.2　项目演示 ················· 201
14.2　项目创建 ····················· 202
　　14.2.1　创建小程序 ················ 202
　　14.2.2　项目文件结构 ··············· 203
　　14.2.3　安装组件库 ················ 204
14.3　项目开发 ····················· 204
　　14.3.1　电影推荐首页开发 ··········· 204
　　14.3.2　电影列表开发 ··············· 211
　　14.3.3　电影详情页开发 ············· 214
　　14.3.4　影评列表页开发 ············· 220
　　14.3.5　影评详情页开发 ············· 222
14.4　项目测试与发布 ··············· 227
　　14.4.1　小程序功能测试 ············· 227
　　14.4.2　小程序上传与发布 ··········· 228
14.5　本章小结 ····················· 228

第 15 章
项目实战：美妆商城小程序

15.1　项目简介 ····················· 229
　　15.1.1　项目概述 ················· 229
　　15.1.2　项目演示 ················· 229
15.2　项目创建 ····················· 230
　　15.2.1　创建小程序 ················ 230
　　15.2.2　项目文件结构 ··············· 231
　　15.2.3　安装依赖 ················· 232
15.3　项目开发 ····················· 232
　　15.3.1　美妆商城首页开发 ··········· 232
　　15.3.2　商品列表页开发 ············· 236
　　15.3.3　商品详情页开发 ············· 239
　　15.3.4　订单信息页开发 ············· 242
　　15.3.5　收货地址页开发 ············· 246
　　15.3.6　订单结果页开发 ············· 250
15.4　项目测试 ····················· 250
15.5　本章小结 ····················· 252

第1章 微信小程序简介

本章学习目标

- 掌握微信小程序的概念。
- 了解微信小程序与微信公众号的区别。
- 了解微信小程序的优势与特点。
- 了解微信小程序的应用场景。

微信小程序简介

微信小程序是一种"即用即走"的应用。简单来说,其就是不用下载便能使用的应用。经过多年的发展,微信小程序已经构建了全新的开发环境和开发者生态。截至 2021 年年底,全网小程序数量已超 700 万个,其中微信小程序开发者突破 300 万人,日活跃用户超过 4.5 亿个。微信小程序的发展带来了更多的就业机会,社会效益不断提升,正日益影响着人们的生活。本章将带领读者一起揭开微信小程序的神秘面纱。

1.1 什么是微信小程序

1.1.1 微信小程序的定义

微信小程序(Mini Program)简称小程序,它是一种基于微信的轻量级应用程序。微信创始人张小龙曾这样介绍小程序:小程序是一种不需要下载、安装即可使用的应用,它实现了应用"触手可及"的梦想,用户扫一扫或者搜一下即可打开应用,这也体现了"用完即走"的理念。

小程序体现了一种全新的开放能力,开发者可以快速地开发一个小程序,并且小程序应用在微信内可以被便捷地获取和传播,同时具有出色的用户使用体验。用户不需要关心手机应用占用太多存储空间的问题以及应用安全问题。

1.1.2 微信小程序的诞生

早在 2016 年 1 月 11 日,张小龙曾提出微信将在订阅号和服务号的基础上,开发一个新的公众号形式,即"应用号"。到 2016 年 9 月 21 日,微信官方正式宣布"应用号"开始内测,并于 9 月 22 日将"应用号"更名为"小程序",腾讯开始陆续发放内测邀请。2016 年 11 月 3 日,小程序开始公测;在公测期间,所有的企事业单位和媒体,以及其他的社会机构都可以登记注册小程序。此时的小程序开发完成后虽然可以提交审核,但是不能公开发布使用。直到 2017 年 1 月 9 日,微信小程序才正式发布。

1.2 微信小程序的本质

微信小程序作为一种全新的移动应用形式，有着它的独特之处。相比于 HTML5 的 Web 应用，它拥有更高的系统操作权限，能访问更多的手机硬件信息，而且其交互体验可以媲美系统原生应用；相比于系统原生应用，它几乎不占用手机的存储空间，也无须安装与卸载，真正实现了应用"触手可及""即用即走"的梦想。

1.2.1 微信小程序与公众号

微信小程序和微信公众号都是微信生态圈的重要组成部分，微信公众平台体系如图 1.1 所示。

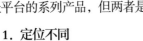

图 1.1 微信公众平台体系

从定位上来讲，微信小程序和微信公众号都属于微信公众平台的系列产品，但两者是两套完全不同的体系。它们之间的区别主要体现在以下几个方面。

1. 定位不同

微信公众号的定位是以文字内容和信息传递的形式向用户提供有价值的信息，在此基础上微信公众号为用户提供较为轻量的辅助服务功能；而微信小程序则是提供更优质应用服务体验，主要以应用服务功能为主。

微信小程序的定位是解决特定场景下的应用使用需求，这一点与微信公众号的营销特性有所不同。在微信小程序中，为了尽可能地减少对用户的打扰，小程序中取消了"关注人数""粉丝数""阅读数"等相关的概念和指标，也不向用户推送任何消息。由于定位不同，所以在获取小程序和公众号的渠道方面也有所改变。

2. 技术实现不同

微信公众号主要是基于 HTML5 实现的网页应用，而微信小程序是以微信为"基座"实现的一种轻应用。

传统的 HTML5 运行是要依赖于浏览器环境的，如今，在微信的 web-view 组件内即可运行 HTML5 的网页应用。微信小程序的运行环境并非完整的浏览器，微信基于浏览器内核并且针对小程序的运行重构了一个内置的解析器，搭配自定义的 WXML、WXSS 等开发语言标准，实现以微信为"基座"的内置应用开发。小程序是微信内的云端应用，通过 WebSocket 双向通信、本地缓存以及微信底层技术优化实现了接近原生 App 的体验。

3. 运营方式不同

微信公众号以粉丝运营为主，通过以文章为主的方式吸引更多人关注公众号，通过主动推送文章来实现重复触达用户。微信小程序是以线下扫码、好友与社群分享、附近小程序、公众号底部菜单等方式获取访问流量，然后以小程序的开放能力为用户提供社交、电商、工具应用等服务，借助"拼团""优惠券""直播""分销"等促销形式实现快速变现。

4. 功能使用不同

微信公众号以文章内容为主，可以通过公众号提供的管理门户实现主动推送、底部菜单管理等功能；公众号以营销为主，但是不能实现直接转化、交易及操作手机原生功能的能力。微信小程序适合各行各业（例如电商、餐饮、社交、共享经济等），可以直接调用手机 API，具有交互性强、流畅性高的特点。

< 2 >

1.2.2　微信小程序与 App

手机系统原生应用程序（Native App）需要用户先下载并安装后才能使用，一般依托于操作系统，有很强的交互能力。除了系统原生应用程序之外，还有一种混合型应用程序（Hybrid App），这种类型的应用程序与系统原生应用程序一样，需要下载并安装后才能使用。混合 App 虽然从表面上看与系统原生 App 很相似，但是混合 App 只有很少的 UI web-view，访问的内容也只是 Web 网页。混合 App 现在也正在极力打造类似于原生 App 的体验，但仍然受到技术、网速等因素的限制，因此与原生 App 还存在很大的差距。此处仅对比小程序与原生 App 的区别。

微信作为一款系统原生 App，可以直接运行在手机操作系统上；微信小程序则是以微信为"基座"运行在微信内部的。一般来说，手机的操作系统为系统应用提供了一套完整的接口，方便系统应用来访问手机硬件资源，例如打开摄像头、访问手机相册与文件夹等。系统应用通过这些开放的接口可以拥有较高的访问权限来自由调度系统硬件资源，但是这些系统应用被安装在操作系统中也会占用系统空间。微信小程序则是借助微信专门设计的框架，通过微信提供的接口，由微信这个系统原生应用与手机操作系统进行交互，它们之间的关系如图 1.2 所示。

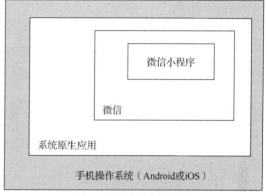

图 1.2　微信小程序系统层级

微信赋予小程序访问手机硬件资源的能力，例如读写缓存、网络状态、重力感应、扫码等。这样，小程序便拥有了可以媲美系统原生应用的流畅度。

在应用的推广过程中，系统原生 App 和混合 App 都需要用户下载各种各样、大大小小的应用程序安装包。如果在没有网络或需要使用流量下载应用的情况下，小程序凭借无须下载与安装的优势，使用户更加愿意使用。而且小程序的分享方式更加方便，进而可能获得更多的用户数量。小程序几乎不占用手机系统空间，且随手可得，用户用完即走，不用担心小程序驻留在手机中消耗手机资源的问题。小程序在硬件资源有限的情况下，给予用户全新的应用场景和交互体验。

在功能和安全方面，系统原生应用能实现完整的功能，小程序则仅限于使用微信提供的接口。目前小程序完整地覆盖了购物、出行、饮食、资讯、社交等常见应用场景，足以满足当下普通用户的日常需求。受到接口能力和微信审核机制的限制，使得小程序比系统原生应用软件具有更高的安全性，而且小程序被限制了消息推送，不会给用户带来任何营销信息方面的打扰。

1.2.3　微信小程序不是 HTML5

微信小程序被分享到朋友圈之后，在朋友圈打开的小程序极像 HTML5 网页应用，但是小程序并不是 HTML5 网页应用，而是微信重新定义的一套标记语言开发规范，是一个全新的生态。开发小程序必须使用独立的开发语言，这些语言是基于 HTML、CSS、JavaScript 改进而来的。微信小程序还提供了自己独立的开发框架、组件和应用程序编程接口（API）。

微信小程序与 HTML5 之间主要有以下几个方面的区别。

1．开发成本

在传统的 HTML5 开发 Web 应用中，开发者要考虑所选择的前端框架、UI 样式库、开发工具、接口调用工具、浏览器兼容性等多种因素。这样虽然有很高的开发自由度，但是也消耗了开发者的精力，而且各种外部库的版本迭代、版本升级所带来的成本也是极高的。微信小程序开发不需要考虑这些问

< 3 >

题，极大降低了开发成本，在很大程度上提高了开发者的开发效率。

2．运行环境

HTML5 的运行环境是客户端浏览器。开发微信小程序时虽然会用到 HTML5 相关的技术，但是小程序的运行环境并不是浏览器，而且微信官方文档中也强调了小程序脚本内无法使用浏览器的 Window 对象和 Document 对象。微信针对小程序的运行重构了一个基于浏览器内核的内置解析器，这种解析器为小程序的运行做了优化，并且微信为这种内置解析器的应用开发定制了一套开发语言和开发标准。

3．系统权限

微信小程序的性能流畅度可以与系统原生 App 相媲美，这一点是 HTML5 Web 应用可望而不可及的。微信小程序借助微信这个强大的后台，能够拥有比 HTML5 更多的系统权限，比如缓存能力、重力感应、网络状态等，而且这些系统权限能够与小程序进行无缝衔接。

1.2.4　微信小程序是功能性公众号

微信小程序的前身是"应用号"。对于微信来说，"应用号"与微信公众平台上的订阅号、服务号、企业号（现更名为企业微信）更匹配。由于苹果公司对"应用"两个字的限制，微信平台推出的"应用号"没能在 App Store 中通过审核。因为微信本身就是一款手机 App，它的成长需要依赖 iOS（苹果手机操作系统）和 Android（安卓手机操作系统）两大移动端系统平台，而苹果公司对应用市场的监管很严格，所以在应用的命名上，微信平台也进行了运营调整，把"应用号"更名为"小程序"。

小程序是微信公众平台的组成部分，它与订阅号、服务号和企业微信（原企业号）共同组成微信公众平台的生态圈，如图 1.3 所示。

图 1.3　微信公众平台账号分类

服务号给企业和组织提供更强大的业务服务与用户管理能力，帮助企业快速实现全新的公众号服务平台；订阅号为媒体和个人提供一种新的信息传播方式，构建媒体与读者之间更好的沟通和管理模式。订阅号的申请主体可以是组织、个人、社会机构，但是服务号不支持个人主体申请，只对组织、企事业单位、其他社会机构开放。在推广方面，订阅号可以每天群发一次消息，服务号每个月只能群发 4 次消息，而且服务号提供了比订阅号更多的开放能力，例如只有服务号才能申请微信支付。企业微信的主体是各类组织，它不仅是一个办公应用，而且是为企业管理私域流量、沉淀老客户等管理与运营的应用。它与微信消息、小程序、微信支付等互通，助力企业高效办公和管理。

< 4 >

微信小程序是一种全新的连接用户与服务的方式，它可以在微信内被便捷地获取和传播，同时具有出色的使用体验。微信公众号是生产内容的，而小程序是生产应用的，并且生产"小应用"没有太多的成本压力，给开发者提供了更广阔的想象空间，开发者可以更快、更高效地开发一款小程序。

1.3 微信小程序的优势与特点

微信小程序推出以来备受关注，这离不开微信小程序自身独特的优势。下面对小程序的优势做具体的介绍。

1.3.1 即用即走、无须下载

微信小程序最大的特点就是"即用即走，无须下载"。微信平台对微信小程序做了很多的限制，如不会主动向用户推送消息，客户不会被营销信息打扰，也不会过度黏住用户，而且无须下载的特点也免去了安装与卸载这些烦琐的步骤，几乎不会占用手机系统空间，也不会浪费流量和残留系统垃圾。

"即用即走，无须下载"这一点对用户来讲还是很有吸引力的。随着人们使用手机产生的数据越来越多，再加上手机本身的存储空间不够充裕，微信小程序应运而生，它可以解决这些用户痛点。微信小程序几乎不占用系统空间，这样就避免了用户不能安装新应用的尴尬。用户不用担心小程序驻留在手机给系统带来的资源消耗问题。

1.3.2 低门槛、低成本

用户只需要在微信公众平台注册小程序，只要完成了注册，然后完善开发者信息即可开发属于自己的小程序。这对小程序开发者而言，微信小程序平台还提供了丰富的开发支持，例如微信推出的微信开发者工具集成了开发调试、代码编辑、小程序发布等功能，这样就很大程度上降低了小程序的开发难度。

如果要开发一款与原生 App 具有相同功能的小程序，在人力成本和时间成本上，开发微信小程序都要比开发相同的原生 App 成本低很多。而且开发的原生 App 要同时适用于 iOS、Android 等多个操作系统也加大了原生 App 的开发难度，微信小程序基于微信平台强大的用户基数并且可以快速实现跨平台开发，极大地降低了开发与市场推广的成本，降低了创业者的门槛。

1.3.3 解决公众号的痛点

微信推出订阅号和服务号，其目的是让订阅号为用户提供内容，让服务号为用户提供各种服务，从而让微信逐渐形成一个生态圈，用户无须离开微信就可以完成阅读、社交和获取资讯服务。但是，目前服务号为用户提供的功能较为简单，很多用户使用服务号的场景仅限于接收通知消息，服务号的其他功能很少被用到，因此，服务号没有完成为用户提供服务的使命。

服务号有很多缺点，例如体验差、层级多、接口少、内容参差不齐、过度营销等，这也使服务号只被用在低频使用场景中。即使服务号有这么多的缺点，用户毕竟使用服务号的机会也是很少的，而且其根本满足不了用户的需求，于是，微信平台便推出了微信小程序来弥补服务号无法解决的高频使用问题。

1.3.4　更高的安全性

微信小程序基于微信体系开发，同时也被微信体系限制和监控，防止微信自身或开发者利益受到损害。微信要求开发者严格按照微信的规范进行小程序开发和操作，即使是小程序的上线，也需要通过微信官方的审核。只要是不符合微信要求的小程序是不能发布的，甚至有可能会被直接封杀。用户在使用小程序时，小程序也只能获取到用户的昵称、头像等非隐私数据和信息，这些数据都停留在微信平台，而非小程序平台，所以小程序开发者也无权获取用户的隐私数据，这样就保障了微信小程序在开发和使用过程中的安全性。

小程序不具备调整的功能，如调整外部网站、外部链接等。如果想要在小程序的 web-view 组件内打开外部链接，需要提交 URL 备案；只有通过审核，才能在小程序内使用 web-view 组件打开外部链接。在保护开发者方面，各项小程序都有属于自己的 AppID，用来防止恶意开发者伪造、仿制安全的小程序进行诈骗行为。但是，这些特点在保障小程序安全性的同时，也约束了小程序的功能。

1.4　微信小程序的生态及应用

1.4.1　独立的软件生态系统

作为一个独立的应用生态系统，需要具备以下几个特点。
- 具有独立的统一入口。
- 具有该应用生态统一的语言和开发标准。
- 在平台管理下具有独立的规范和开发模式。
- 开发者和平台相互支持、互利共赢。

微信小程序就是以微信为核心的一个独立应用生态圈。它的平台是微信，以微信作为应用的统一入口，利用微信制定的语言和开发标准进行微信小程序的应用设计与开发，而且微信对小程序开发、运营、审核等各方面也做出了严格的规范和限制，开发者借助微信公众平台进行开发和推广，这也为微信平台获取更多小程序提供了渠道。这样一个应用生态系统，就相当于在微信平台上实现了一个全新的 AppStore。

1.4.2　微信小程序社区

微信小程序是微信平台推出的一个概念。为了帮助用户更好地认知小程序、更快地开发小程序，微信平台创建了微信小程序社区（见图 1.4），以期通过社区为小程序开发者、创业者和小/中企业主提供一个相互交流的专业平台。在这个社区中，相关人员不仅可以自由分享小程序的开发经验，还可以在上面学习小程序开发、推广、运营等方面的技术。

微信小程序开发者和创业者都可以在微信小程序社区上查找、交流、分享微信小程序的一切问题。除了社区，微信平台还创建了微信小程序官方文档（见图 1.5），为开发者提供了一个简单、高效的应用开发框架和丰富的组件及 API，以辅助开发者开发具有原生 App 体验的服务。

图 1.4　微信小程序社区

图 1.5　微信小程序官方文档

1.4.3　微信小程序的应用场景

　　微信小程序的特点之一体现在一个"小"字上。微信小程序更适合开发那些非刚需、轻量级、功能单一、不需要调动太多系统能力的应用，而对一些高频、刚需的应用场景，微信小程序还是存在弱势的，高频场景服务依然适合以独立 App 作为阵地。

　　使用频率不高、功能单一的应用可以把微信小程序作为一个不错的切入口，而且这种需求只需要使用 HTML5 就可以实现，迁移小程序的成本较低，因此微信小程序也就成了很多商家一个不错的选择。

1.4.4　微信小程序的未来发展

　　微信已经成为人们不可或缺的社交工具。随着微信支付的普及，微信除了提供社交通信的功能之外，还提供了更多的金融服务。依托于微信的小程序，其使用也越来越普及。微信小程序高效、便捷

< 7 >

且功能不断完善，用户对微信小程序的未来也充满了期待。

微信小程序是一个生态圈，将来微信平台能够更好地借助于扩展差距进行微信小程序的开发，为微信小程序用户开放更多权限，未来其所发挥的空间也越来越大。微信小程序在发展过程中不断完善自己，其开放能力越来越强，能够匹配多种场景。微信小程序现在积累了大量的用户，让其他行业与微信用户有更好的链接，与微信更好的结合。因此微信小程序的发展空间是无限的。

1.5　本章小结

微信小程序的诞生既弥补了 HTML5 和原生 App 的不足，也带来巨大的商机、提供了更多的就业机会，在新一轮移动互联网变革中创造了无限的机遇。其轻量级、即用即走等优势，为用户提供了便利，同时为功能单一和低频使用的应用提供了新的开发场景，降低了创业者的成本，而且能实现App的功能，用户使用起来更加方便。微信小程序会带来千亿市场，未来每个线下门店不一定会拥有自己的 App 和网站，但是都可能拥有自己的微信小程序。所以微信小程序是非常值得关注并投入其开发行列中。

1.6　习题

1．填空题

（1）微信小程序是一种基于微信的_____级的应用程序。

（2）微信公众平台包括_____、_____、_____。

（3）微信小程序最大的特点就是_____、_____。

2．选择题

（1）下列选项中不属于微信小程序特点的是（　　）。

    A．即用即走、无须下载   B．开发门槛低

    C．解决了网页开发的痛点   D．安全性高

（2）下列关于微信小程序的说法有误的是（　　）。

    A．微信小程序可以访问手机设备资源

    B．微信小程序被分享到朋友圈之后，在朋友圈打开的小程序就是 HTML5 网页应用

    C．微信小程序与微信公众号实现的技术不同

    D．微信小程序中不能主动向客户端推送消息

第 **2** 章　微信开发者工具

本章学习目标

- 理解微信公众平台的概念。
- 掌握微信小程序的账号申请与登录操作。
- 掌握微信开发者工具的安装与使用。
- 掌握微信开发者工具代码编写与调试。

小程序是一种全新的获取和传播信息的应用工具。小程序的概念并非空穴来风，微信作为一款移动应用，其内部的 web-view 组件提供了打开 Web 应用的能力，此时，微信仅需要对外开放 JS API，就可以在 Web 应用中实现调用手机硬件的能力。早在 2015 年，微信就曾发布了一套网页开发工具包，其被称为 JS-SDK，并开放了拍摄、录音、语音识别、扫二维码、地图定位、支付与分享等几十个 API。从此，一种新的开发方式被揭开了序幕，给所有的 Web 开发者打开了一扇全新的窗户，让所有开发者都可以使用到微信的原生功能，并且开发之前难以完成的功能。

2.1　申请小程序账号和登录微信公众平台

申请小程序账号
和登录微信
公众号平台

2.1.1　申请小程序账号

开发微信小程序需要先申请一个小程序的账号。通过这个账号，用户可以在微信公众平台中管理自己的小程序。申请微信小程序账号需要注册并登录微信公众平台，如图 2.1 所示。

图 2.1　微信公众平台

单击"立即注册"链接之后选择注册的账号类型，微信公众平台提供了 4 种账号注册类型，分别为订阅号、服务号、小程序、企业微信，如图 2.2 所示。

图 2.2　微信公众号注册的账号类型

关于这 4 种公众号类型的区别，主要体现在以下方面。

- 订阅号：对所有主体开放（包括政府、企事业单位、非营利性机构、社会组织、媒体、个人等），其推送消息在用户的消息盒子中显示且每天可以推送一次，对开发者提供的开放权限有限。
- 服务号：不对个人主体开放，只对组织主体开放注册（包括政府、企事业单位、非营利性机构、社会组织、媒体），推送消息在用户的消息列表中显示，对开发者提供更全面的开放权限。
- 小程序：适合所有主体注册，一种全新的连接用户与服务的方式，它拥有更加出色的交互体验，并且具有调用手机硬件能力。为了保护用户隐私和尽量减少对用户的打扰，小程序不支持信息推送。
- 企业微信：只对企业及组织开放注册权限，为企业提供更高效的协同办公体验。

在微信公众号类型选择页面中，选择"小程序"，进入小程序注册页面，如图 2.3 所示。

图 2.3　注册微信小程序

进入小程序注册页面后，根据指引填写信息并提交相关的资料。在注册之前，用户还需要了解小程序的注册主体上限规定。

微信小程序的注册上限如下：

- 同一个邮箱只能申请 1 个小程序；
- 同一个手机号码可绑定 5 个小程序；

< 10 >

- 同一身份证注册个人类型小程序数量上限为 5 个；
- 同一企业、政府、媒体、其他组织注册小程序数量上限为 50 个；
- 同一个体工商户注册小程序数量上限为 5 个。

微信小程序的绑定上限如下：

- 同一身份证可绑定 5 个小程序；
- 同一手机号码可绑定 5 个小程序；
- 同一微信号可绑定 5 个小程序。

账号信息填写完后，单击下方的"注册"按钮，进入邮箱激活页面。此时需要登录上一步中填写的邮箱，查收腾讯官方发送的小程序账号激活邮件，单击激活链接，如图 2.4 所示。

图 2.4　小程序邮箱激活

单击激活链接后，继续下一步的注册流程，选择注册的主体类型（见图 2.5），并完善主体信息和管理员信息。

图 2.5　注册主体信息登记

填写的注册主体不同，注册验证的方式也会有所区别。以企业类型账号为例，企业主体注册小程序账号时可以选择以下两种注册验证方式，如图 2.6 所示。

- 向腾讯公司小额打款验证：企业需要使用企业的对公账户向腾讯公司指定的账户打款，以此来验证企业的主体身份；打款信息在提交主体信息后可以被查看到。
- 微信认证：通过微信认证企业主体身份，企业需要支付一定金额的认证费，一般为 300 元；在腾讯公司审核通过之前，小程序部分功能暂时无法使用。

< 11 >

图2.6 选择验证企业主体身份的方式

一旦提交信息并认证成功之后，被认证的主体信息不可变更，如图2.7所示。

图2.7 主体信息确认提示

主体信息提交成功后，等待腾讯公司对注册主体的认证结果。认证成功后，小程序的注册过程就结束了。拥有了自己的小程序账号后，马上开启你的小程序开发之旅吧！

2.1.2 登录微信公众平台

微信公众平台是管理微信公众账号的综合性管理后台，本小节主要介绍的是微信小程序管理后台。微信小程序的所有账号信息配置和开发者相关配置都需要在微信小程序管理后台进行操作。

登录微信公众平台有两种方式：一种是使用邮箱和密码登录，如图2.8所示；另一种是扫码登录，具体方法为在微信公众平台的登录界面右上方单击二维码图标，切换到扫码登录状态，通过注册微信小程序时绑定的小程序管理员微信账号扫码即可登录，如图2.9所示。

图2.8 使用邮箱登录微信公众平台

< 12 >

图 2.9　使用微信扫码登录

　　如果当前微信绑定了多个小程序，扫码成功后还需要在手机上选择要登录的小程序账号，然后单击"登录"按钮即可完成登录。就上述两种登录方式而言，我们推荐使用扫码的方式登录小程序。

　　进入微信小程序管理后台后，用户可以设置当前微信小程序账号的基本信息、管理版本信息和开发成员信息、设置功能等。微信小程序管理后台界面如图 2.10 所示。

图 2.10　微信小程序管理后台界面

　　完成小程序注册后，用户需要在微信小程序管理后台的基本设置中编辑当前微信小程序的名称和小程序简称、上传小程序头像，提交这些信息并等待审核通过。

2.2　微信开发者工具的介绍与安装

微信开发者工具
的介绍与安装

2.2.1　微信开发者工具介绍

　　小程序的开发不同于其他前端项目的开发，小程序是需要依赖于某个应用作为宿主环境的，所以开发小程序需要在微信平台指定的开发工具中完成。为了让开发者更加简单、高效地开发和调试微信小程序，微信平台推出了全新的微信开发者工具。在这套 IDE（Integrated Development Environment，集成开发环境）中集成了公众号网页和小程序两种开发模式。

< 13 >

开发者可以通过微信开发者工具完成小程序的 API 和页面的代码编辑、代码查看、开发调试、小程序预览和发布等。为了让开发者具有更好的开发体验，微信平台从视觉、交互、性能等方面不断地对开发者工具进行升级；开发者可以在微信小程序官方文档中下载最新版的微信开发者工具。

2.2.2 安装微信开发者工具

在浏览器中打开微信官方文档，选择"小程序"文档，在开发栏目下选择"工具"→"下载"→"稳定版更新日志"，然后用户根据自己的计算机操作系统下载对应版本的微信开发者工具安装包，如图 2.11 所示。

图 2.11　下载微信开发者工具安装包

本书以基于 Windows 64 的版本为例，安装微信开发者工具并进行后续内容的讲解。单击下载链接后，等待安装包下载完成，已下载文件如图 2.12 所示。

图 2.12　微信开发者工具安装包

双击微信开发者工具安装包，进入微信开发者工具安装向导界面，如图 2.13 所示。

单击"下一步"按钮，进入微信开发者工具安装许可协议界面，如图 2.14 所示。

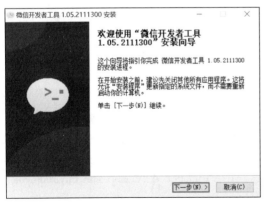

图 2.13　微信开发者工具安装向导界面

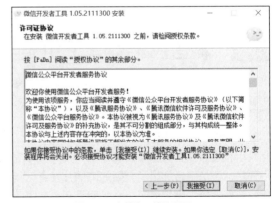

图 2.14　安装许可协议界面

< 14 >

在"我接受"按钮上单击鼠标左键，进入微信开发者工具安装位置选择界面，如图 2.15 所示。

在"浏览"按钮上单击鼠标左键，选择微信开发者工具安装目录，单击"确定"按钮后，在"安装"按钮上单击鼠标左键，开始运行微信开发者工具安装程序，如图 2.16 所示。

图 2.15　安装位置选择界面　　　　　图 2.16　运行微信开发者工具安装程序

安装程序运行完成后，会打开安装完成提示界面，如图 2.17 所示。

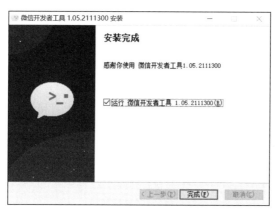

图 2.17　微信开发者工具安装完成提示界面

选中"运行 微信开发者工具 1-05.211300(R)"复选框，然后单击"完成"按钮。至此，微信开发者工具就安装完成了。

2.3 微信开发者工具界面介绍

微信开发者工具
界面介绍

2.3.1 启动微信开发者工具

微信开发者工具启动成功后，进入启动界面，如图 2.18 所示。

使用微信扫描微信开发者工具启动界面的二维码，在手机微信中单击"确认登录"按钮，如图 2.19 所示。

等待系统认证完成后即可成功登录微信开发者工具，进入小程序项目管理界面，如图 2.20 所示。

< 15 >

图 2.18　微信开发者工具启动界面

图 2.19　微信开发者工具登录确认

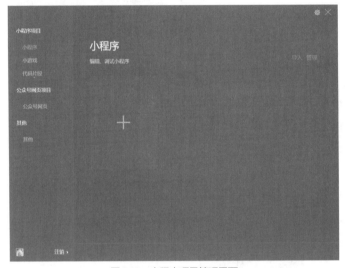

图 2.20　小程序项目管理界面

在小程序项目管理界面中的加号图标处单击鼠标左键，进入创建小程序的信息配置界面，如图 2.21 所示。

图 2.21　创建小程序的信息配置界面

< 16 >

创建微信小程序时需要填写的信息如下。

- 项目名称：根据当前项目的需求填写项目的名称。
- 目录：选择本地文件夹作为小程序源码的存放目录。
- AppID：小程序的唯一标识。配置 AppID 时需要先在微信小程序管理后台中找到"设置"→"基本设置"，在账号信息中复制小程序的 AppID，然后在创建小程序的界面中粘贴 AppID。
- 开发模式：允许用户选择"小程序"或"插件"。当前为小程序开发，所以选择"小程序"。
- 后端服务：允许用户选择是否使用"微信云开发"。使用云开发无须手动搭建后端服务器，而且只有配置了 AppID 才能选择"微信云开发"。
- 模板选择：如果选择了"微信云开发"，在这里可以使用推荐的模板进行小程序开发。使用模板后，创建的小程序项目中包含模板实现的代码。用户也可以选择不使用模板。

配置好小程序信息后，单击"确定"按钮，进入微信小程序开发界面，如图 2.22 所示。

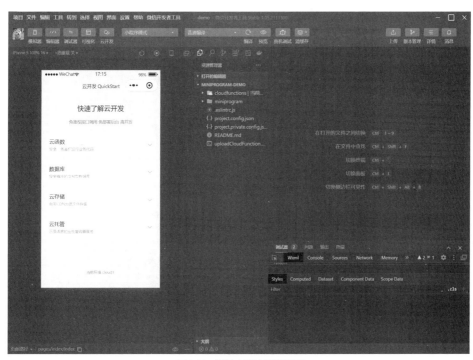

图 2.22　微信小程序开发界面

微信开发者工具支持同时打开多个项目，每次打开项目时会从新窗口中将其打开，入口有以下几种。

- 从项目选择页打开项目，处于项目窗口时可以通过菜单栏的"项目"→"查看所有项目"打开项目选择页。
- 从菜单栏的最近打开项目列表中打开的项目会从新窗口打开。
- 新建项目。
- 以命令行或 HTTP 调用工具打开项目。

除了创建小程序之外，还可以对本地项目进行单独删除和批量删除。在小程序管理界面右上角的"管理"链接上单击鼠标左键（见图 2.23），进入小程序批量管理界面，如图 2.24 所示。

微信开发者工具界面包括菜单栏、工具栏、模拟器、资源管理器、代码编辑器、代码调试器等几大区域，如图 2.25 所示。

< 17 >

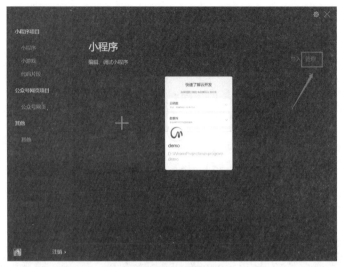

图 2.23　管理小程序界面

图 2.24　批量管理微信小程序

图 2.25　微信开发者工具界面布局

< 18 >

在开发过程中为了方便查看，用户可以将模拟器、代码调试器设置为独立展示的窗口，而资源管理器和代码编辑器又可以称为代码编辑窗口。为了更加方便地学习微信开发者工具界面，读者可以把模拟器、资源管理器、代码编辑器、代码调试器统称为微信开发者工具的开发窗口（简称窗口）。

2.3.2　菜单栏介绍

微信开发者工具的菜单栏在界面的最上方展示，它是一种以树状结构为开发者提供大部分功能的入口按钮，其主要包括以下功能。

（1）项目

- 新建项目：快速新建项目。
- 打开最近项目：可以查看最近打开的项目列表，并选择是否进入对应项目。
- 查看所有项目：在新窗口打开启动页的项目列表。
- 关闭当前项目：关闭当前项目，回到启动页的项目列表。

（2）文件

- 新建文件：快速新建代码文件或配置文件。
- 保存：保存当前激活的代码文件或配置文件。
- 全部保存：保存所有未保存的代码文件或配置文件。
- 自动保存：自动保存当前激活状态的代码文件和配置文件。

（3）编辑

该菜单包含文件的撤销、查找、替换、复制等文件编辑功能以及代码格式化功能。

（4）工具

- 编译：编译当前小程序项目。
- 刷新：与编译的功能一致，由于历史原因保留对应的组合键 Ctrl+R。
- 编译配置：允许用户选择普通编译或自定义编译条件。
- 前后台切换：模拟客户端小程序进入后台运行和返回前台的操作。
- 清除缓存：清除文件缓存、数据缓存及授权数据。

（5）界面

该菜单主要用于控制主界面窗口模块的显示与隐藏。

（6）设置

- 外观设置：控制编辑器的配色主题、字体、字号、行距。
- 编辑器设置：控制文件保存的行为、编辑器的表现。
- 代理设置：选择直连网络、系统代理和手动设置代理。
- 通知设置：设置是否接收某种类型的通知。

（7）微信开发者工具

- 切换账号：快速切换登录用户账号。
- 关于：关于开发者工具的介绍。
- 检查更新：检查版本更新。
- 调试：调试开发者工具、调试编辑器。
- 更换开发模式：快速切换公众号网页调试和小程序调试。
- 退出：退出开发者工具。

< 19 >

2.3.3 工具栏介绍

单击工具栏中的用户头像可以打开个人中心（见图2.26），在这里可以便捷地切换用户和查看开发者工具收到的消息。

用户头像右侧是控制窗口显示/隐藏的按钮（见图2.27），在微信开发者工具中至少要显示一个窗口。

在工具栏中间位置的下拉列表框中可以选择普通编译，也可以新建并选择自定义条件进行编译和预览，如图2.28所示。

图2.26 单击头像打开个人中心　　　图2.27 控制窗口显示/隐藏按钮　　　图2.28 选择编译模式

在工具栏中选择编译模式下拉列表框的右侧，提供了预览、真机调试、清缓存的快速入口（见图2.29），利用它们可以便捷地查看小程序编译后在移动设备上显示的效果、方便开发者调试，以及清除工具上的文件缓存、数据缓存等。

工具栏右侧提供了开发辅助功能（见图2.30），利用这些功能可以上传代码、管理版本、查看项目详情和通知消息。

图2.29 工具栏中的功能按钮　　　　　图2.30 工具栏开发辅助功能

单击工具栏右侧的"详情"按钮，在打开的面板中主要有三大功能选项卡："基本信息"选项卡、"本地设置"选项卡、"项目配置"选项卡，如图2.31所示。

"基本信息"选项卡包括图标、AppID、第三方平台名（只有第三方平台的开发小程序才会显示）、目录信息、上次提交代码的时间以及代码包大小。

在"本地设置"选项卡中可以切换基础库版本，以方便开发者解决开发和调试旧版本时的兼容问题；注意正式版本的基础库全量发布前，会有一个灰度的过程。使用微信开发者工具1.02.2002252版本或以上版本的开发者可以在此查看正在灰度中的基础库版本，该功能只能下发到登录开发者工具的微信账号客户端，并会影响到该客户端的所有小程序。微信客户端可以对开发版小程序进行打开和调试，还可以查看下发调试基础库的生效时间以及版本。除此之外，"本地设置"选项卡还包含"上传代码时样式自动补全""上传代码时自动压缩样式文件""上传代码时自动压缩.wxml文件""上传时进行代码保护""不校验合法域名、web-view（业务域名）、TLS版本以及HTTPS证书"等功能。

图2.31 "详情"面板

< 20 >

在"项目配置"选项卡中可以设置域名信息，将显示小程序的安全域名信息。合法域名可在微信小程序管理后台的开发→"开发设置"→"服务器域名"中进行设置。

2.3.4　窗口介绍

微信开发者工具的窗口主要包括模拟器、资源管理器、代码编辑器、代码调试器与内置终端，这些窗口的显示与隐藏都是由工具栏左侧的窗口控制按钮统一管理。下面主要对模拟器和代码编辑器进行介绍。

（1）模拟器

模拟器可以直接运行经过编译后的小程序代码，这样即使在不发布小程序的情况下，也可以让开发者查看小程序在微信客户端的运行效果。模拟器还提供了不同的设备类型供开发者选择（见图 2.32），开发者也可以添加自定义设备来调试小程序在不同尺寸机型上的页面展示效果。

在模拟器的右上角也提供了模拟操作的按钮，在模拟操作管理中可以模拟移动设备的常用操作，例如选择 WiFi（网络信号）、Home、返回（键）、静音/取消静音、旋转（旋转屏幕）等操作。选择模拟器网络类型如图 2.33 所示。

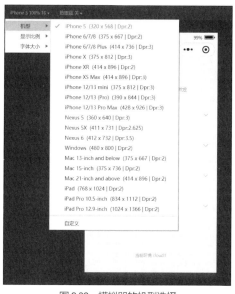

图 2.32　模拟器的机型选择

图 2.33　选择模拟器网络类型

在模拟器底部的状态栏中，用户可以更直观地看到当前运行小程序的页面路径、页面参数及场景值等信息，如图 2.34 所示。

（2）代码编辑器

微信开发者工具就是为开发微信小程序而定制的一套集成开发环境，其核心是代码开发工具，代码开发工具包含了代码编辑器、编译器、调试器、资源管理器等工具，并集成了代码编写、分析、编译、调试等功能，如图 2.35 所示。

图 2.34　模拟器底部状态栏

除了资源管理、代码编写、代码调试等功能之外，微信小程序代码开发工具还提供了一些扩展功能，例如代码搜索、项目 Git 版本管理、插件等功能，这些扩展功能按钮可以在资源管理器的上方查看，如图 2.36 所示。

< 21 >

图 2.35　微信小程序代码开发工具

图 2.36　微信开发工具的扩展功能按钮

2.4 微信开发者工具功能介绍

2.4.1 功能设置

在微信开发者工具的菜单栏中单击"设置"菜单可以打开设置界面，该界面主要包括通用设置、外观设置、快捷键设置、编辑器设置、代理设置、安全设置和扩展设置等功能。

（1）通用设置

通用设置主要用于设置语言、工作区路径及对开发者工具的个性化需求，如图 2.37 所示。

图 2.37　通用设置界面

< 22 >

（2）外观设置

外观设置主要是对开发者工具的外观、区块配置等提供支持，如可以通过外观设置来配置开发者工具的调试器颜色、标题内容等，如图 2.38 所示。

图 2.38　外观设置界面

（3）快捷键设置

在快捷键设置界面可以查看和修改当前微信开发者工具所绑定的所有快捷键，如图 2.39 所示。

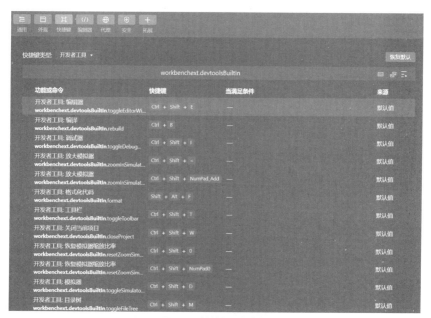

图 2.39　快捷键设置界面

（4）编辑器设置

编辑器设置可以对文件的自动保存、自动编译、自动折行等功能进行配置，如图 2.40 所示。如果

< 23 >

选中了"总是在新标签页打开文件"，则在编辑器目录树中单击文件时，总是会在一个新标签页中打开此文件，而非在临时标签页中打开。

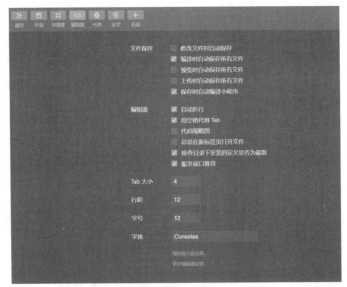

图 2.40　编辑器设置界面

（5）代理设置

在代理设置界面中可以配置不使用代理使用系统代理或使用自定义代理，如图 2.41 所示。

图 2.41　代理设置界面

（6）安全设置

在安全设置界面中可以开启和关闭 CLI/HTTP 调用功能，如图 2.42 所示。

图 2.42　安全设置界面

< 24 >

（7）扩展设置

在扩展设置界面中可以查看、开启和关闭开发者工具的一些扩展功能，例如编辑器扩展、模拟器插件、调试器插件、接口能力、测试工具等，如图 2.43 所示。

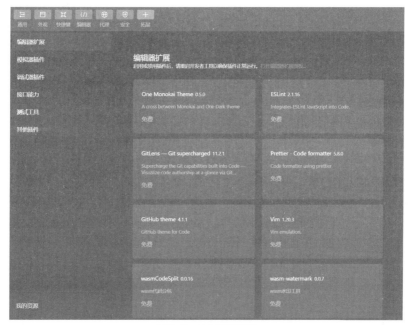

图 2.43　扩展设置界面

2.4.2　代码编辑

（1）文件类型支持

微信开发者工具目前支持对 5 种文件的编辑，如.wxml 文件、.wxss 文件、.js 文件、.json 文件、.wxs文件以及图片文件。

（2）代码自动保存

开发者可以在菜单栏的"设置"菜单中开启"编译时自动保存所有文件"，具体操作步骤是选择"设置"→"编辑器设置"→"编译时自动保存所有文件"（见图 2.40），设置好以后，工具就会帮助开发者自动保存当前的代码文件，这样即使开发者直接关闭微信开发者工具或者是切换到其他软件中，也不会导致已编辑好的代码丢失。如果在微信开发工具中设置了"修改文件时自动保存"，该工具在开发者修改文件时也会自动将文件保存到硬盘中，无须手动保存代码。

（3）代码自动编译

如果在"设置"菜单中开启了"保存时自动编译小程序"，那么当代码文件（如.wxml、.js、.wxss、.json）修改时，开发者可以通过模拟器实时预览编辑的效果。但是自动编译会给小程序的预览带来一定的延迟，开发者如果想要避免这种延迟编译的情况，可以手动单击"编译"按钮进行编译。

2.4.3　小程序调试

项目开发阶段，为了更好地预览小程序的运行效果以及调试小程序界面的交互功能，开发者可以借助微信开发者工具提供的多种调试功能对小程序进行调试（通过单击菜单栏中的"工具"菜单或快捷入口可以启用这些调试功能）。微信开发者工具主要提供了模拟器、自动预览、真机调试、调试器、

< 25 >

真机性能分析工具等调试工具。

（1）模拟器

模拟器模拟微信小程序在客户端真实的逻辑表现，绝大部分的 API 均能够在模拟器上呈现出正确的状态。在本章的 2.3.4 小节中也有对模拟器的详细介绍，本小节不再赘述。

（2）自动预览

微信开发者工具提供了两种在真机中预览小程序的方式：一种是扫描二维码预览；另一种是自动预览。自动预览可以实现编写小程序时快速预览，免去了每次查看小程序效果时都要扫码或者使用小程序助手的麻烦。单击工具栏中的"预览"按钮，然后在手机中保持微信的前台为运行状态即可自动唤出小程序；如果真机上已打开了当前的小程序，那么再次点击"自动预览"下的"编译并预览"按钮，即可刷新当前小程序。"自动预览"选项卡如图 2.44 所示。

自动预览关联的微信账号是当前微信开发者工具登录的微信账号，并且微信客户端必须为 6.6.7 版本及以上版本才能使用"自动预览"功能。在微信小程序未发布之前，小程序只对微信小程序管理后台所配置的开发者和体验者开放。

（3）真机调试

真机调试功能可以实现直接利用开发者工具，并通过网络连接对手机上运行的小程序进行调试，帮助开发者更好地定位和查找小程序在手机上运行时出现的问题。要使用真机调试功能，开发者需要先单击工具栏上的"真机调试"按钮，如图 2.45 所示。

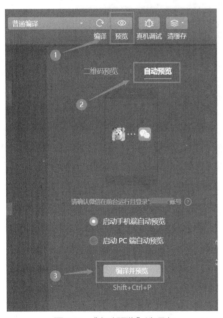

图 2.44 "自动预览"选项卡

图 2.45 "自动真机调试"选项卡

真机调试功能与预览功能的操作方法类似，开发者可以选择通过手机设备上的微信扫描二维码和选择"自动真机调试"两种方式使用真机调试功能。如果选择了"自动真机调试"，此时工具会将本地代码进行处理打包并上传。就绪之后，系统会自动唤起手机前台运行的微信小程序，同时还会在 PC 端自动打开真机调试控制台，如图 2.46 所示。

（4）调试器

微信开发者工具的调试器与浏览器中的开发者工具很相似，它可以帮助开发者在项目开发过程中对源码做相关的调试操作，如图 2.47 所示。

< 26 >

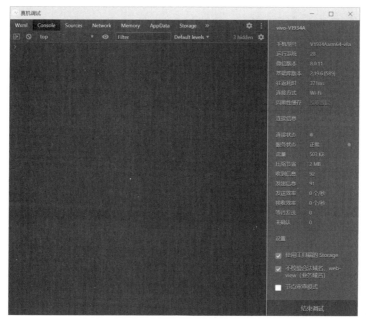

图 2.46　真机调试控制台

图 2.47　微信开发者工具的调试器

微信开发者工具的调试器主要有以下七大功能。

- Wxml 面板：开发者可以通过 Wxml 面板看到真实的页面结构以及结构对应的 wxss 属性，同时可以通过修改对应的 wxss 属性在模拟器中实时查看到修改的情况。
- Console 面板：开发者可以在 Console 面板中查看小程序在运行时提示的程序错误信息，还可以在该面板中输入和调试代码。
- Sources 面板：开发者可以在 Sources 面板中查看当前项目的脚本文件。由于微信小程序框架会对脚本进行编译，所以开发者在该面板中查看到的文件都是被编译后的文件。
- Network 面板：开发者可以在 Network 面板中观察当前运行程序请求响应情况，查看请求头和响应头以及响应结果等信息。
- AppData 面板：该面板用于显示当前项目运行时小程序 AppData 的具体数据。
- Storage 面板：该面板用于显示当前项目中的缓存数据，这些数据都是由 wx.setStorage 或 wx.setStorageSync 函数存储的。开发者也可以在该面板中对缓存数据进行新增、修改或删除操作。
- Sensor 面板：开发者可以在该面板中选择模拟地理位置，同时还可以在该面板中调试重力感应 API。

（5）真机性能分析工具

微信开发者工具提供了真机性能分析工具，开发者使用该工具的前提是要保证 PC 与移动设备在同一局域网下。利用该工具可以实现在局域网连接状态下，录制真机上小程序/小游戏的 Memory、CPU 相关的性能数据，帮助开发者更好地分析性能问题。

< 27 >

2.4.4　小程序开发辅助设置

为方便开发者更好地使用微信开发者工具进行小程序开发，微信团队为开发者工具提供了许多辅助功能，例如 Git 版本管理、命令行调用、HTTP 调用、NPM 支持、可视化编辑等能力。

（1）Git 版本管理

为了方便开发者更简单且快捷地进行代码版本管理、简化一些常用的 Git 操作及降低代码版本管理使用的学习成本，微信开发者工具集成了 Git 版本管理界面。开发者可以在打开的项目窗口中，单击工具栏上的"版本管理"按钮（见图 2.25），进入 Git 版本管理界面。

（2）命令行调用

通过命令行调用微信开发者工具的可执行文件，完成登录、预览、上传、自动化测试等操作；调用返回码为 0 时代表正常，返回码为-1 时代表错误。要使用命令行，请注意首先需要在微信开发者工具的"设置"→"安全设置"中开启"服务端口"。

（3）HTTP 调用

HTTP 服务在微信开发者工具启动后自动开启，HTTP 服务端口号会被记录在用户目录下，开发者可通过检查用户目录下是否有端口文件及尝试连接来判断微信开发者工具是否安装/启动。

（4）NPM 支持

NPM 是 JavaScript 的包管理工具，并且是 Node.js 的默认包管理工具。通过 NPM 可以实现安装、共享、分发代码和管理项目依赖关系等功能。从小程序基础库 2.2.1 版本开始，小程序开始支持使用 NPM 安装第三方包。

（5）可视化编辑

为提高代码编辑效率和提升用户体验、减少开发中非必要的重复编码工作，微信开发者工具提供了"可视化"面板，以方便开发者通过拖曳等方式对界面进行快速布局与修改，同时代码编辑器和"可视化"面板将双向实时同步修改。通过单击微信开发者工具顶部工具栏上的"可视化"按钮，可以切换"可视化"面板的显示与隐藏状态，如图 2.48 所示。

图 2.48　"可视化"面板

开发者在"可视化"面板中进行设置和其他操作时，代码编辑器会打开对应代码文件，并同步生成相应的代码。开发者可以单击代码的节点或者大纲来选择对应的可视化组件。

< 28 >

2.5 编写第一个微信小程序

2.5.1 新建微信小程序项目

为了快速体验一个微信小程序的开发过程，开发者可以先跳过申请小程序账号的步骤，直接打开微信开发者工具，然后使用测试账号开发自己的第一个微信小程序。

打开微信开发者工具后，开发者使用自己的微信账号扫码登录，然后在"创建小程序"界面中填写或选择相关的信息，例如填写项目名称为"TodoList"，选择项目所在目录，单击"测试号"按钮，在小程序 AppID 选项中选择使用测试 ID 创建临时小程序，如图 2.49 所示。

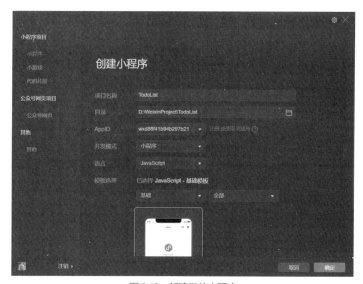

图 2.49　新建微信小程序

信息设置完成之后，单击"确定"按钮，跳转到小程序开发界面。

2.5.2 微信小程序的代码编写

小程序创建成功后，在微信开发者工具中会自动生成首页和日志页的代码以及应用的配置文件。小程序的代码目录结构如图 2.50 所示。

图 2.50　小程序的代码目录结构

< 29 >

打开"pages/index/index.wxml"文件，在该文件中编写小程序首页代码，示例代码如例 2.1 所示。

【例 2.1】小程序首页代码。

```
<view>
  <input value="{{ inputValue }}"
         bindinput="onInput"
         bindconfirm="onConfirm"
         placeholder="请输入">
  </input>
  <view class="list-title">列表内容: </view>
  <view class="list">
    <view wx:for="{{ list }}" wx:key="index" class="item">
      {{ item }}
    </view>
  </view>
</view>
```

打开"pages/index/index.wxss"文件，在该文件中编写小程序首页的样式代码，示例代码如例 2.2 所示。

【例 2.2】小程序首页样式代码。

```
input{
  border: 1px solid #ccc;
  font-size: 30rpx;
}
.list-title{
  font-size: 30rpx;
  margin: 20rpx 0rpx;
  font-weight: 600;
}
.list{
  box-sizing: border-box;
  padding: 10rpx 20rpx;
  font-size: 30rpx;
}
.item{
  margin: 10rpx 0rpx;
}
```

打开"pages/index/index.js"文件，在该文件中编写小程序首页的绑定属性和事件函数，示例代码如例 2.3 所示。

【例 2.3】小程序首页的功能代码。

```
Page({
  data: {
    inputValue: '',
    list: []
  },
  onConfirm(event){
    const list=this.data.list.concat(event.detail.value)
    this.setData({
      list,
      inputValue: ''
    })
  }
})
```

< 30 >

2.5.3　微信小程序的预览与发布

　　小程序代码编写完成后，单击工具栏上的"预览"按钮，在微信客户端中查看小程序的效果并测试功能，效果如图 2.51 所示。

　　测试小程序的具体方法为：打开微信小程序后，单击输入框并填写相关内容，输入完后单击键盘右下角的"回车"按钮，即可将输入的内容追加到输入框下方的列表中。

　　真机预览环境下测试小程序时，如果没有出现异常或报错的情况，就表示当前小程序已开发完成了。返回微信开发者工具中单击工具栏右侧的"发布"按钮，上传小程序的程序到微信小程序管理后台，并在后台中提交审核，待审核通过后即可实现小程序的发布上线。如果当前小程序使用的为测试号，开发者需要先申请微信小程序账号，然后按照上面步骤实现小程序的发布。

图 2.51　真机预览微信小程序效果

2.6　本章小结

　　本章介绍了小程序账号的申请流程以及开发小程序的步骤。开发微信小程序需要使用微信平台推出的 IDE，即微信开发者工具。此外，本章主要介绍了微信开发者工具的使用，开发者熟练掌握微信开发者工具是开发微信小程序的前提，在此基础上还需要熟练掌握微信开发者工具的调试与辅助功能。"工欲善其事必先利其器"，读者一定要认真学习本章的内容，这样才能确保开发出功能完善的小程序。

2.7　习题

1．填空题

（1）微信公众平台提供的账号类型包括_____、_____、_____和_____4 种类型。

（2）具有调用手机硬件能力的微信公众账号类型是_____。

（3）微信开发者工具的代码文件格式主要包括_____、_____、_____和_____。

2．选择题

（1）以下关于微信小程序的调试说法正确的是（　　）。

　　A．在模拟器中可以演示手机键盘的输入操作

　　B．自动预览只能通过扫码的方式唤起客户端小程序

　　C．只有在真机调试的环境下才能打开调试控制台

　　D．微信开发者工具的调试器与浏览器开发者工具的完全一样

（2）以下关于微信开发者工具界面的介绍有误的是（　　）。

　　A．微信开发者工具中至少要有一个窗口是显示状态

　　B．工具栏可以通过设置控制其显示与隐藏

　　C．在测试号中工具栏不显示云开发窗口控制按钮

　　D．模拟器窗口可以设置为脱离微信开发者工具的独立窗口

< 31 >

第**3**章 微信小程序起步

本章学习目标
- 理解小程序的代码结构。
- 理解小程序的渲染机制。
- 掌握小程序组件化使用方法。
- 掌握小程序的基本开发技能。

微信小程序的更新迭代非常频繁，几乎每个月都会有新版本发布，这样就会让初学者感觉到学习的压力和难度。其实，小程序的每次版本迭代都是在现有小程序架构基础之上进行更新的。如果想要学好小程序开发技术，打牢基础是必不可少的学习环节。本章就对小程序的基础架构进行详细讲解。熟练掌握本章的小程序框架基础知识，对后面学习小程序开发至关重要。

3.1 小程序代码组成

小程序代码组成

3.1.1 小程序开发与传统前端开发

小程序开发与传统前端开发有着很大的区别，传统前端核心开发技术如下。
- 静态标记文件（HTML）：静态标记文件决定了前端页面的基本骨架是如何构成的。
- 样式文件（CSS）：样式文件可以让前端的页面凸显自身的美术风格。
- 动态脚本文件（JavaScript）：动态脚本文件可以让前端页面与用户进行交互。

静态标记组成了前端的骨架，让渲染工具明白前端是由哪些标记组成的。但是原始的静态标记是没有样式的，并不具备很强的视觉体验，开发者如果想要让前端产品更加美观且具有独特的美术风格，那么就需要使用到样式文件。样式文件主要由不同类型的选择器组成，开发者可以使用不同范围的选择器渲染页面的 UI 组件。如果只是静态标记和样式是无法让一个前端页面动起来的，例如用户点击页面中的一个按钮，需要弹出一个提示框，这时就需要用到动态脚本。动态脚本决定了前端页面如何与用户进行交互，例如弹窗的时机、广告图片的滚动速度及向后端请求数据等，这些都是由动态脚本来实现的。

小程序虽然与传统的前端开发有所区别，但是也脱离不了前端的固定模式。小程序拥有以下 4 种文件类型。
- .wxml 文件：与传统前端的 HTML 文件功能类似，用于静态标记的编写。
- .wxss 文件：与传统前端的 CSS 文件功能类似，用于页面样式的编写。
- .js 文件：与传统前端的 JavaScript 脚本功能类似，用于页面交互逻辑的编写。

- .json 文件：在传统前端页面开发中没有.json 文件，小程序的.json 文件主要用于页面配置，如页面标题、颜色、样式的配置等。

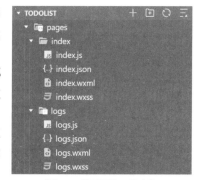

新建一个小程序就会默认创建 index 和 logs 模块，每个模块都以单独的文件夹形式保存。页面文件在微信开发者工具中的目录效果如图 3.1 所示。

除了页面文件对应的模块文件夹之外，小程序还支持将一些工具型的.js 文件进行独立保存，通过导入文件的方式为模块提供功能支持，例如新建小程序中自动创建的 utils，如图 3.2 所示。

所有的全局文件都以 app 命名，全局文件内部声明的资源可以作用到所有模块中，如图 3.3 所示。

图 3.1　首页下的 4 种文件

图 3.2　utils 模块　　　　图 3.3　小程序应用的全局文件

在过去，开发者所积累的前端开发经验可以继续应用在小程序的开发上，例如小程序和普通网页都需要书写静态标记页面。小程序的样式和普通网页基本相同，而且小程序和普通网页都遵循了 JavaScript 的 ES6 标准，很多语法在两个平台都可以一起使用，例如模块的导入/导出、箭头函数等。

但是小程序和传统网页开发毕竟还是两种不同的技术，二者之间还是有些许的区别。在普通网页中渲染线程和脚本线程是互斥的，而在小程序中二者不是互斥的。普通网页可以操作 DOM 和 BOM 对象，但是小程序的逻辑层运行在 JSCore 中，无法操作 DOM 和 BOM 对象，所以小程序在使用 JS 选择 UI 时，就没有父节点、子节点、ID 选择器这些概念了。网页开发者需要面对的环境是各式各样的浏览器，在 PC 端需要面对 IE、Chrome、QQ 浏览器等，在移动端也需要面对各个系统中的 web-view，而小程序开发过程中主要面对的是 iOS 和 Android 的微信客户端。目前小程序也支持在微信的 PC 客户端上运行，所以开发者在开发过程中也需要考虑 Windows 或 macOS 环境的 UI 适配，以及代码兼容性的问题。

3.1.2　WXML 模板

WXML（Wei Xin Markup Language）是用于小程序框架设计的一套标记语言，开发者将其结合小程序的基础组件、事件系统可以构建出页面的结构。虽然在书写方式上 WXML 和 HTML 有很多相似之处，但是二者之间的语法结构又有很大的区别，WXML 仅能在微信小程序开发工具中预览，而 HTML 可以在浏览器内预览。传统的 HTML 标记在 WXML 中是无法直接使用的，WXML 对组件进行了重新封装，为后续的性能优化提供了可能，同时避免开发者写出低质量的代码。

WXML 文件以.wxml 作为后缀，WXML 基本语句如例 3.1 所示。

【例 3.1】WXML 基本语句。

```
<!--pages/wxml/index.wxml-->
```

< 33 >

```
<text>pages/wxml/index.wxml</text>
```

WXML 的语法校验是非常严格的，要求标记必须是严格闭合的，否则会导致编译错误。

3.1.3　WXSS 样式

WXSS（WeiXin Style Sheets）是一套用于小程序的样式语言。它用于描述 WXML 的组件样式，提升视觉上的效果。WXSS 与传统前端开发中的 CSS 类似，为了更适合小程序开发，WXSS 对 CSS 做了一些补充和扩展，例如尺寸单位、样式导入等。在 WXSS 中使用 rpx（responsive pixel）作为尺寸单位，可以根据屏幕宽度进行自适应。以 iPhone 6 为例，小程序中的 rpx 与传统 CSS 尺寸单位的 px 是以 1rpx=0.5px 进行换算的。

关于 WXSS 样式处理的内容将在本书中的第 6 章做详细讲解。

3.1.4　JS 脚本

这里的 JS 脚本是指微信小程序中用开发语言 JavaScript 编写的脚本。一般情况下，JavaScript 和 ECMScript 存在差异，但在开发过程中它们的作用是相近的。

3.1.5　JSON 配置

JSON（JavaScript Object Notation，JS 对象简谱）是一种轻量级的数据交换格式，它是基于 ECMAScript 的一个子集，采用完全独立于编程语言的文本格式来存储和表示数据。JSON 的语法易于阅读和编写，同时也易于程序解析和生成。JSON 是一种理想的网络传输格式，可以作为项目的配置文件。由此可见，JSON 仅是一种数据格式而非编程语言，在小程序中也作为一种重要的配置文件而存在。

JOSN 文件作为小程序中的静态配置文件，在小程序运行之前就决定了小程序的一些表现。需要注意的是，小程序无法在运行过程中动态更新 JSON 配置文件，如果 JSON 配置文件的内容发生了更改，开发者需要重新编译当前的项目才能使其生效。

3.2　小程序宿主环境

小程序宿主环境

3.2.1　小程序的渲染机制

小程序是基于双线程模型的，它包括渲染层和逻辑层。在这个模型中，小程序的渲染层和逻辑层是分别在不同的线程中运行的，这与传统的 Web 单线程模型有很大的区别。小程序渲染层的界面使用了 web-view 进行渲染；逻辑层采用 JSCore 线程运行 JS 脚本。由于一个小程序存在多个界面，所以渲染层存在多个 web-view 线程。双线程之间的通信会经由微信客户端（Native）做中转，逻辑层发送网络请求也经由 Native 转发。小程序的渲染层和逻辑层通信模型如图 3.4 所示。

在小程序的开发中，开发者对小程序最大的期望就是当用户点击某个小程序时，小程序能够在最短的时间内加载完毕整个界面。由于小程序的宿主是微信，所以开发者不能用纯客户端原生技术来编写小程序。此时，需要像 Web 技术那样，有一份随时可更新的资源包放在云端，通过下载到本地，动态执行后即可渲染出界面。

< 34 >

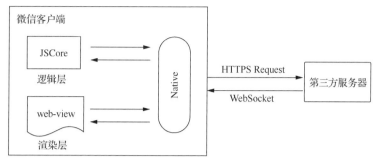

图 3.4　渲染层和逻辑层通信模型

　　了解模型背后的原理后，下面再来看一看小程序是如何把脚本中的数据渲染到界面上的。小程序的 WXML 模板使用<view>标记，其子节点用 "{{}}" 的语法绑定一个 msg 的变量，如例 3.2 所示。

　　【例 3.2】渲染 WXML 代码。

```
<view>{{ msg }}</view>
```

　　在 JS 脚本中使用 this.setData()方法把 msg 字段设置为 "Hello World"，如例 3.3 所示。

　　【例 3.3】用于渲染的 JS 脚本。

```
Page({
  data: {
    msg: ''
  },
  onLoad: function(){
    this.setData({ msg: 'Hello World' })
  }
})
```

　　上面的例子中，WXML 页面通过模板语法的方式绑定了 JS 脚本的 msg 变量，当 msg 变量被修改后，页面展示的内容也会自动发生改变。在 UI 界面开发过程中，程序需要维护很多变量状态，同时还需要操作变量所对应的 UI 元素。但是随着界面的结构越来越复杂，程序需要维护的变量也随之增加，同时还要处理更多界面上的交互事件，整个程序就变得特别复杂。如果使用某种方法将变量的状态和 UI 视图绑定在一起，当状态变更时，视图也会自动变更，那么开发者就可以省去编写修改视图的代码，提高开发效率。这种方法就是 "数据驱动"。

　　小程序数据驱动的原理就是通过 JS 对象来表达 DOM 树的结构，而这棵 DOM 树实际上就是 WXML 结构。WXML 可以先转换成 JS 对象，再由 JS 对象渲染出真正的 DOM 树，例 3.2 和例 3.3 的转换示意图如图 3.5 所示。

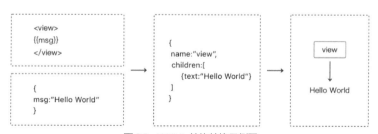

图 3.5　WXML 结构转换示例图

　　如果把 msg 变量的值从 "Hello World" 改为 "Hi"，这个过程必须通过调用 this.setData()方法来完成，其产生的 JS 对象所对应的节点发生了变化，此时 DOM 树也会随之更改，从而达到更新 UI 界面的目的，这就是小程序 "数据驱动" 的原理。

< 35 >

通过上述讲解，可以知道小程序的渲染层和逻辑层为什么是分开的，而且在渲染层中，小程序的宿主环境会把 WXML 转换成 JS 对象，而 JS 是运行在逻辑层的。当逻辑层的数据发生变化时，通过 this.setData()方法把数据从逻辑层再传递到渲染层，经过对比前后的差异，把更改后的数据应用在原来的 DOM 树上，以此实现 UI 界面的渲染。这就是小程序的渲染机制。

3.2.2 程序与页面

小程序的运行被分为了渲染层和逻辑层，渲染层主要是用于渲染页面视图，而逻辑层主要负责处理业务逻辑，这样就要求开发者必须要分清楚小程序中的程序与页面。站在逻辑组成的角度来说，一个小程序是由多个页面组成的程序，因此也需要区分"小程序"和"程序"的概念。

常说的"小程序"其实指的是一个应用。这个应用是从产品的层面上来理解的，一个小程序就是一个应用软件产品。而本小节所涉及的"程序"是指在小程序应用内部的代码层面的程序实例。小程序的宿主环境提供了 App()函数作为程序的构造方法，以此来注册一个程序的 App 对象。本小节以 App 作为代码层面的"程序"。

构造方法 App()需要声明在小程序项目的根目录下的 app.js 文件中，App 实例也是一个单例对象，其构造方法接收一个对象参数，参数对象中可以声明小程序全局生命周期函数，代码如例 3.4 所示。

【例 3.4】全局生命周期方法。

```
App({
  onLaunch: function(options){},      // 小程序初始化完成时触发，并且只触发一次
  onShow: function(options){},        // 小程序启动或切换回前台显示时触发
  onHide: function(){},               // 小程序切换到后台时触发
  onError: function(error) {}         // 小程序发生脚本错误或 API 调用失败时触发
})
```

在其他的 JS 脚本中需要使用 getApp()方法来获取 App 的实例，具体方法如例 3.5 所示。

【例 3.5】获取 App 实例。

```
var app=getApp()
```

一般情况下，单个小程序由多个页面组成，每个页面分别由界面、配置、逻辑这 3 个部分构成，这些页面的业务逻辑都需要编写到当前页面文件夹下的 page.js 文件中。宿主环境也提供了一个构造方法 Page()来实现注册小程序页面，Page()方法在页面脚本 page.js 文件中调用。与 App()相同，Page()方法也是要接收一个对象参数，参数对象的属性中除了要声明页面的生命周期函数与上方保持一致外，还可以声明事件方法和页面的初始化数据 data 属性，代码如例 3.6 所示。

【例 3.6】页面构造方法 Page()。

```
Page({
  data: { },                           // 页面的初始化数据
  onLoad: function(options){ },        // 页面被加载时触发
  onReady: function(){ },              // 页面初次渲染完成后触发
  onShow: function(){ },               // 页面切换回前台显示时触发
  onHide: function(){ },               // 页面切换到后台隐藏时触发
  onUnload: function(){ },             // 页面被卸载时触发
  onPullDownRefresh: function(){ },    // 页面被下拉刷新时触发
  onReachBottom: function(){ },        // 页面上拉触底时触发
  onShareAppMessage: function(){ },    // 页面被转发时触发
```

< 36 >

```
onPageScroll: function(){ }                    // 页面被滚动时触发
})
```

开发者不需要主动调用 Page() 构造器中定义的生命周期方法，而是由微信客户端根据监听用户的操作而主动触发的，这样就避免了程序调用上的混乱。通过学习小程序界面渲染的基本原理可以知道，小程序的页面结构是由 WXML 进行描述的，WXML 可以通过数据绑定的语法来绑定逻辑层定义的数据对象，这个数据对象就是在 Page() 构造器的参数中定义的 data 属性字段，data 字段的值也是在页面第一次被渲染时从逻辑层传递到渲染层的。

3.2.3　小程序的内置组件

组件化是前端最常见的一种开发方式，组件就是对应用视图层的拆分，一个小程序的页面也可以被拆分成多个组件，组件是小程序页面的基本组成单元。为了使开发者可以快速进行开发，小程序的宿主环境提供了一系列的基础组件。除了小程序宿主环境提供的组件，还有开发者自行封装的视图组件和引入的外部第三方组件，为了区分这些组件，本书将小程序宿主环境提供的基础组件称为小程序的内置组件。

组件是在 WXML 模板文件中声明使用的，其语法与 HTML 语法非常相似，但二者又有一些区别。小程序的 WXML 模板文件遵循 JSX（JavaScript XML）语法规范，JSX 规定了每个组件标记都必须有开始标记和结束标记，所有组件名称和属性名称都必须是小写，多个单词之间使用 "-" 进行连接。WXML 组件标记代码如例 3.7 所示。

【例 3.7】WXML 组件标记。

```
<view>
  <image id="logo" mode="scaleToFill" src="app-logo.png"></image>
  <view class="app-list">
    <view class="item">hello</view>
    <view class="item" style="color:red;">world</view>
  </view>
</view>
```

组件标记的属性主要包含样式和事件绑定。除了常用的公共属性之外，还可以拥有各自自定义的属性。组件可以使用这些属性对自身进行样式修饰和功能封装，以 image 组件为例，可以为图片标记定义图片的模式和加载方式，具体代码如例 3.8 所示。

【例 3.8】image 组件。

```
<image mode="scaleToFill" src="app-logo.png" lazy-load></image>
```

在 image 组件上可以使用 src 属性加载图片资源，还可以使用 mode 属性来定义图片的裁剪、缩放模式，组件上的 lazy-load 属性决定了图片是否开启懒加载。除此之外，还可以定义图片的事件属性，例如 binderror、bindload 等。

3.2.4　小程序的 API

为了方便开发者调用微信提供的功能和手机硬件能力，小程序宿主环境提供了丰富的 API（Application Programming Interface，应用程序接口）。小程序提供的 API 按照功能主要分为几大类：网络、媒体、文件、数据缓存、位置、设备、界面、微信开放能力等，而且对于 API 的调用小程序也做了以下约定。

- 小程序所有的 API 都必须挂载到名为 wx 的全局对象下。

< 37 >

- 用于监听事件的 API 函数都是以 wx.on* 开头。
- API 的 Object 参数一般由 success、fail、complete 3 个回调函数来接收接口调用的结果。
- 在 API 中凡是以 wx.set* 和 wx.get* 开头的都是用于写入数据和获取数据的接口。
- 如果没有特殊说明，大部分的 API 函数都是异步函数，并且都接收一个 Object 作为参数。

以小程序发起网络请求为例，API 接口调用的代码如例 3.9 所示。

【例 3.9】发起网络请求。

```
wx.request({
 url: 'http://192.168.1.10:8080/find', // 请求的服务地址
 data: {}, // 请求参数
 success: function(res){
  // 请求成功后调用
 },
 fail: function(){
  // 发生网络错误时调用
 },
 complete: function(){
  // 成功或者失败都会调用
 }
})
```

3.2.5 小程序的事件处理

事件就是被控件所识别的操作，例如在页面中点击了"确定"按钮。小程序中的事件与传统 Web 开发的事件机制是一样的。当小程序 UI 界面的程序与用户之间发生了交互，渲染层就会通知逻辑层执行对应的事件方法，然后逻辑层再将处理好的结果传递给渲染层并向用户展示。但是有时候程序上的"行为反馈"不一定是用户主动触发的，例如视频播放过程中的进度变化，也需要向开发者进行反馈，以方便开发者在逻辑层中做出相应的处理。

在小程序中，任何渲染层的行为事件都需要向开发者反馈，这种事件行为有可能是用户主动触发的，也有可能是组件状态改变而触发的。无论哪种状态的事件触发行为，都需要被微信客户端捕获，然后由开发者在逻辑层中处理。整个事件传递过程如图 3.6 所示。

以页面按钮点击事件交互为例，具体代码如例 3.10 所示。

【例 3.10】页面按钮点击事件。

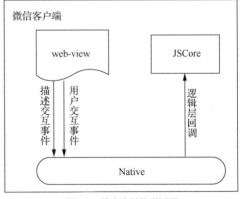

图 3.6　整个事件传递过程

```
<!-- page.wxml -->
<button data-msg="Hello" bindtap="onBtnClick"> 按钮 </button>

// page.js
Page({
 onBtnClick: function(event){
   console.log(event)
 }
})
```

< 38 >

事件通过组件上绑定的 bindtap 属性触发，同时在用于页面构造的 Page() 方法中声明对应的 onBtnClick() 方法来处理对应的事件。当用户点击页面的 button（按钮）时就会触发 onBtnClick() 事件方法，同时得到 event（事件）对象，组件上的 data-msg 属性的值也会被封装到 event 对象中。

当事件回调函数触发时，会接收到一个事件对象。事件对象的属性详见表 5.3。

3.3　小程序应用能力

3.3.1　原生 CSS 布局

在传统网页开发中，开发者可以通过 CSS 的 display、position、float 等属性来实现页面布局，但是在小程序中需要考虑各种终端的尺寸适配，如果还是使用定位、浮动这类布局，很难实现不同终端的适配，缺乏灵活性。在微信小程序开发中，建议使用 Flex 弹性盒子布局。如果小程序需要兼容 iOS 8 以下版本，需要开启样式自动补全，具体方法为在小程序菜单栏中选择 "设置" → "项目设置"，勾选 "上传代码时样式自动补全" 复选框。

Flex 弹性盒子布局提供了一种灵活的布局模型，使容器能通过改变里面项目的高宽、顺序来对可用空间实现最佳的填充，以方便适配不同大小的内容区域。Flex 不单是一个属性，它包含了一套新的属性集。属性集包括用于设置容器和用于设置项目两个部分，设置容器的属性如表 3.1 所示。

表 3.1　Flex 容器属性

属性名	属性值
display	flex
flex-direction	row | row-reverse | column |column-reverse
flex-wrap	nowrap | wrap | wrap-reverse
justify-content	flex-start | flex-end | center |space-between | space-around | space-evenly
align-items	stretch | center | flex-end | baseline | flex-start
align-content	stretch | flex-start | center | flex-end | space-between | space-around | space-evenly

Flex 项目属性如表 3.2 所示。

表 3.2　Flex 项目属性

属性名	属性值
order	0（默认值）| <integer>
flex-shrink	1（默认值）| <number>
flex-grow	0（默认值）| <number>
flex-basis	auto（默认值）| <length>
flex	none | auto | @flex-grow @flex-shrink @flex-basis
align-self	auto（默认值）| flex-start | flex-end | center | baseline| stretch

Flex 在页面布局设计中应用非常广泛，例如在不固定高度的情况下，只需要在容器中设置 Flex 的排列方向和主轴的对齐方式，即可实现内容不确定情况下的垂直居中效果，示例代码如例 3.11 所示。

【例 3.11】Flex 设置容器内容垂直居中。

```
.container{
  display: flex;
  flex-direction: column;
```

< 39 >

```
justify-content: center;
}
```

3.3.2　界面交互反馈

微信小程序中常用的界面交互行为包括屏幕触摸反馈、弹框提示、界面滚动等。由于受到终端设备性能等因素的影响，频繁地进行用户与小程序间的交互操作会导致系统延迟、操作的反馈耗时较长等情况，因此，开发者在开发小程序时应该尽可能地提升用户的使用体验。

一般在用户触摸某个事件按钮或 view 区域时会改变对应区域的颜色，例如用户手指触摸 view 区域时，将该 view 区域的底色设置成浅灰色或其他具有明显对比的颜色，效果如图 3.7 所示。

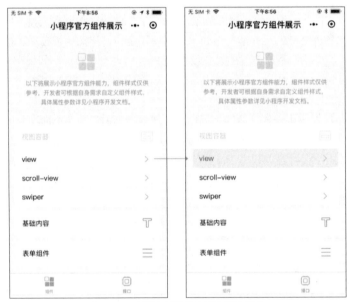

图 3.7　可触摸区域的用户操作反馈效果

这样做的目的就是为用户及时提示触摸的结果，以免用户触摸后得不到反馈而反复触发。设置用户操作的反馈效果可以极大提升用户的使用体验。

除了这种设置区域不同的触发样式外，还有些常用的用户触发反馈效果，例如为 button 组件设置 loading 属性，在完成某个操作后弹出 Toast 提示框等效果。如果使用弹出框作为用户操作后的提示效果，需要在错误提示时明确告知用户出现错误的具体原因，并且需要用户手动关闭弹出框，如有需要还会附带下一步操作的引导。

3.3.3　HTTPS 网络通信

在前后端分离开发的项目中，前端需要通过发送异步请求从服务器获取数据，小程序开发中也不例外。小程序作为客户端，需要通过宿主环境提供的 wx.request()函数发起网络请求来实现从服务器拉取信息。小程序宿主环境要求 request 发起的网络请求必须是 HTTPS 请求，因此开发者服务器必须提供 HTTPS 服务的接口。同时，为了保证小程序不乱用任意域名的服务，wx.request 请求的域名需要在小程序管理平台进行配置；如果小程序正式版使用 wx.request 请求服务器尚未配置的域名，控制台会有相应的报错。

wx.request()方法的参数是 Object 类型的，其中最重要的属性包括以下几个。

< 40 >

- url：服务器请求接口。
- data：请求参数。
- header：设置请求头。
- method：请求方法，默认值是 GET。
- success：收到开发者服务成功返回的回调函数。

小程序发出一个 HTTPS 网络请求，有时网络存在一些异常或者服务器存在问题，在经过一段时间后仍然没有收到网络回包，把这一段等待的最长时间称为请求超时时间。小程序 request 默认超时时间是 60s。一般情况下，并不需要这么长的等待时间才收到回包；在等待 3s 后还没收到回包，就需要给用户一个明确的"服务不可用"的提示。在小程序项目根目录下的 app.json 中可以指定 request 的超时时间。

3.3.4 本地数据缓存

小程序的本地数据缓存能力在实际开发中应用非常广泛。本地数据缓存就是通过小程序将数据存储到当前设备的硬盘上，开发者可以使用本地数据缓存来存储一些服务端非实时的数据，从而提高小程序的渲染速度，减少用户的等待时间。

小程序提供了读写本地数据缓存的接口，通过 wx.getStorage/wx.getStorageSync 读取本地缓存，通过 wx.setStorage/wx.setStorageSync 写数据到缓存，其中带有 Sync 后缀的接口表示是同步接口，执行完毕会立马返回。小程序宿主环境会管理不同小程序的数据缓存，不同小程序的本地缓存空间是独立的，每个小程序的缓存空间上限为 10MB。如果当前缓存已经达到 10MB，再通过 wx.setStorage 写入缓存会触发 fail 回调。

小程序的本地缓存不仅仅通过小程序这个维度来隔离空间，考虑到同一个设备可以登录不同微信用户，宿主环境还对不同用户进行了缓存隔离，以避免用户间的数据隐私泄露。由于本地缓存是存放在当前设备，用户更设备之后无法跨设备读取数据，因此用户的关键信息不建议只存在本地缓存，应该把数据放到服务器端进行持久化存储。

3.3.5 连接设备硬件

移动终端设备不同于 PC 端，移动终端没有 PC 端的键盘、鼠标等常用的输入设备和一些输出设备，但是移动终端中有很多传感器。而且移动终端屏幕尺寸也比 PC 端小了很多，所以在移动端屏幕上输入复杂信息的效率会很低。小程序的宿主环境提供了很多操作移动终端设备的功能，从而帮助开发者实现某些特定场景下的高效操作能力，例如扫描二维码、蓝牙连接、GPS 定位等能力。

但是有的设备操作功能并不仅仅是为了解决高效输入的问题，更多的是提升用户的使用体验，例如获取设备的网络状态。手机连接网络的方式有 2G、3G、4G、5G 和 WiFi，每种连接方式的上传和下载速度有着很大的差异，而且计费方式不同。WiFi 连接相对于其他的移动网络连接来说，不仅访问速度快，而且不会对用户产生流量费用。用户在使用小程序观看视频或下载较大的文档时，为了避免用户耗费太多的数据流量，开发者就需要通过小程序提供的获取网络状态的功能做出一些更加友好的提示，供用户自行选择。

3.3.6 微信开放能力

小程序是以微信为"基座"的一种应用，在很多场景下都需要获取微信的一些能力，所以小程序的宿主环境就提供了开放微信部分权限的能力，这种开放能力包括：获取微信登录凭证、获取微信用

< 41 >

户的基本信息、分享到朋友圈或转发消息、收藏、卡券、发票、生物认证、微信运动等能力。以微信登录为例，开发者在已有的互联网产品中接入小程序时会面临一些与登录状态有关的问题，微信平台就对小程序开放了微信登录的接口。

3.4 小程序组件化

3.4.1 小程序基础组件

小程序的视图是在 web-view 里渲染的，所以小程序的视图搭建离不开 HTML 标记语言。如果在小程序中直接使用 HTML 标记语言，其安全性就会极大降低，并且无法使用微信小程序的双线程模型实现数据绑定和页面的动态渲染。为了解决这一问题，小程序设计了一套名为 Exparser 的组件框架。基于这个框架，在小程序内设计了一套涵盖大部分功能的组件，以方便开发者快速搭建出满足需求的界面。

基于 Exparser 框架设计的小程序内置组件，涵盖了视图容器类、表单类、导航类、媒体类、开放类等几十种组件。所有的内置组件都可以使用 WXSS 修饰，这样就满足了大部分的项目需求。

3.4.2 自定义组件

在实际的项目开发中，小程序的内置组件不一定能满足所有的需求。为了实现代码的高效复用，小程序还允许开发者自行扩充组件，这些由开发者自行设计的组件被称为自定义组件。

在小程序中，每个组件都具有独立的逻辑空间，分别拥有自己的独立数据和 setData() 方法调用。在使用自定义组件的小程序页面中，Exparser 框架将接管所有的自定义组件注册和实例化。小程序的基础库中提供了 Page 和 Component 两个构造器，自定义组件使用的是 Component 构造器。

3.4.3 第三方组件库

小程序从基础库版本 2.2.1 开始支持使用 NPM 安装第三方包，因此也支持开发和使用第三方自定义组件包。在开发微信小程序时，选择一款好用的 UI 组件库可以达到事半功倍的效果。目前，市面上常用的小程序 UI 组件库有以下几款。

- WeUI：是一套同微信原生视觉体验一致的基础样式库，由微信官方设计团队为微信 Web 开发量身设计，可以令用户的使用感知更加统一。
- Vant Weapp：是有赞移动端组件库 Vant 的微信小程序版本。两者基于相同的视觉规范，提供一致的 API 接口，助力开发者快速搭建小程序应用。
- iView Weapp：是由 TalkingData 发布的一套高质量的微信小程序 UI 组件库。
- TaroUI：是由京东凹凸实验室倾力打造的多端开发解决方案，使用 Taro 可以将源代码分别编译出可在不同端（微信小程序、H5、RN 等）运行的代码。

3.5 本章小结

本章概述了微信小程序的代码组成、小程序宿主环境、小程序应用能力和小程序组件化。通过对

< 42 >

本章的学习，读者能够清晰地理解小程序开发流程，掌握小程序的核心 API，为以后快速上手小程序开发打下基础。

3.6　习题

1．填空题

（1）小程序的页面是由_____、_____、_____、_____4 种文件类型组成的。

（2）小程序的双线程模型包括_____和_____。

（3）小程序应用的构造器是_____，小程序页面的构造器是_____，小程序自定义组件的构造器是_____。

2．选择题

（1）小程序的组件类型不包括（　　　）。

　　A．内置组件　　　　B．原生组件　　　　C．自定义组件　　　D．HTML 组件

（2）小程序能够获取到的移动网络状态不包括（　　　）。

　　A．WiFi　　　　　B．2G/3G　　　　　C．4G/5G　　　　　D．有线网络

（3）下列不属于宿主环境提供的开放能力的是（　　　）。

　　A．微信登录　　　　B．访问陀螺仪　　　　C．发射无线电信号　D．生物认证

< 43 >

第 **4** 章　小程序的配置文件

本章学习目标
- 了解小程序配置文件的类型。
- 掌握小程序的全局配置和页面配置项。
- 掌握小程序窗口配置项。

对于做过服务端开发的程序员来说，其肯定对"约定优于配置"并不陌生。这是一种按约定编程的软件设计范式，目的在于减少软件开发者做决定的数量。而微信小程序的设计理念正好与这种软件设计范式的理念相反，微信小程序是遵循一种"配置优于约定"的软件设计范式。出于对安全性的考虑，开发者必须在相应的配置文件中对小程序部分界面和功能进行配置，例如窗口的导航栏设计、底部 tabBar 设计等。本章主要对微信小程序的全局、页面等配置文件做详细的讲解。通过学习配置文件的配置项，读者可以掌握更多的小程序功能设计技法。

4.1　全局配置文件

全局配置文件

小程序的全局配置文件控制着小程序的全局表现，所有的配置项都在项目根目录下的 app.json 文件中进行配置。全局配置文件的内容是一个 JSON 对象，其涵盖了小程序的页面路径、窗口表现、底部 tab 栏、默认启动页、网络超时时间等几十项配置信息。

4.1.1　页面路径配置

pages 属性用于配置小程序的所有页面路径，指定哪些页面可被显示。pages 属性的值为字符串类型的数组，数组元素是对应页面的访问路径。小程序的每个页面都有一个文件夹，页面文件夹由.wxml、.wxss、.json、.js 这 4 种类型的文件组成，一般会将文件夹和 4 个文件的文件名设置为相同的名称，如例 4.1 所示。

【例 4.1】小程序文件目录。

```
├── app.js
├── app.json
├── app.wxss
├── pages
│   ├── index
│   │   ├── index.wxml
│   │   ├── index.js
│   │   ├── index.json
│   │   └── index.wxss
│   └── logs
```

```
|        ├── logs.wxml
|        └── logs.js
|        └── logs.json
|        └── logs.wxss
└── sitemap.json
```

　　在 pages 属性中定义页面路径时要包含文件名称，但是不需要写文件的扩展名，小程序框架会自动找到对应的.wxml、.wxss、.json、.js 4 个文件进行处理。pages 中页面路径配置代码如例 4.2 所示。

　　【例 4.2】pages 中页面路径配置。

```
{
  "pages":[
    "pages/index/index",
    "pages/logs/logs"
  ]
}
```

　　pages 中配置的路径都可以在小程序中被访问到。因为未在 app.json 文件中配置 entryPagePath（默认启动页）属性，小程序会将 pages 数组中的第一项作为默认首页。如果在项目中手动创建页面文件，pages 数组的元素内容也会随之自动增加，但是如果手动删除了某个页面文件时，还需要手动删除 pages 数组中对应的元素。除了前面的操作，还可以在 pages 数组中添加一个页面路径元素，小程序开发者工具就会自动创建该页面的文件夹和 4 个文件。也就是说，只要对小程序中的页面文件夹做了新增和删除操作，都需要对 pages 数组进行修改。

4.1.2　启动首页配置

　　entryPagePath 属性用于配置小程序的默认启动路径，即小程序的默认首页。该属性的值为字符串类型的页面路径，并且配置的路径必须在 pages 数组中已经存在。配置默认启动路径的代码如例 4.3 所示。

　　【例 4.3】配置默认启动路径。

```
{
  "pages":[
    "pages/index/index",
    "pages/logs/logs"
  ],
  "entryPagePath": "pages/logs/logs"
}
```

　　entryPagePath 属性的值如果不是 pages 数组中的元素，控制台会报错，如图 4.1 所示。

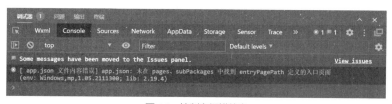

图 4.1　控制台报错信息

4.1.3　窗口样式配置

　　window 属性用于配置小程序的窗口样式与表现，配置项包含小程序的状态栏、导航栏、标题、窗

< 45 >

口背景颜色等，该属性的值是 Object 类型的。配置小程序的导航栏样式代码如例 4.4 所示。

【例 4.4】配置小程序的导航栏样式。

```json
{
  "pages":[
    "pages/index/index"
  ],
  "window":{
    "navigationBarBackgroundColor": "#000000",
    "navigationBarTextStyle":"white",
    "navigationBarTitleText": "首页"
  }
}
```

配置后的小程序导航栏效果如图 4.2 所示。

小程序的窗口配置还包括下拉刷新的开启与关闭、页面上拉触底距离、页面旋转设置等功能。在设置页面下拉刷新和上拉触底时，都需要配合相关的 API 来触发对应的事件函数。以设置下拉刷新为例，触发下拉刷新事件的代码如例 4.5 所示。

【例 4.5】触发下拉刷新事件。

图 4.2 小程序导航栏配置效果

```javascript
// 文件 app.json
{
  "enablePullDownRefresh": true
}


// 文件 pages/index/index.js
Page({
  data: {
    count: 10
  },
  onPullDownRefresh(){
    console.log('下拉刷新');
  }
})


// 文件 pages/index/index.wxml
<view>
  <view wx:for="{{count}}" wx:key="index">{{item}}</view>
</view>
```

在设置窗口颜色、导航栏颜色、文本颜色时，如果没有特殊说明，该配置项的固定颜色值都可以使用十六进制的颜色值来进行设置。某些配置项需要考虑到移动终端的兼容性，例如 backgroundColorTop（顶部窗口背景颜色）、backgroundColorBottom（底部窗口背景颜色）配置项仅支持 iOS，navigationStyle（导航栏样式）配置项仅支持 iOS 和 Android 微信客户端 6.6.0 版本，不支持 Windows 微信客户端。

小程序的很多窗口样式都可以通过 window 属性来配置，有些样式也可以自定义，但是考虑到小程序的安全性，不是所有的样式都可以自定义的。例如，导航栏右上角的胶囊按钮，即使开发者将 navigationStyle 属性的值设置为 custom（自定义导航栏），也仍会被保留，因为该按钮统一管理了小程序的转发、分享、收藏和关闭等系统功能，所以是不允许开发者自定义的。

< 46 >

4.1.4　tab 栏配置

tabBar 属性用于配置小程序底部 tab 栏的样式与表现，该属性的值是 Object 类型的。小程序的 tab 栏可以使用 position 属性设置在窗口的底部或顶部，用户通过点击 tab 栏上不同的按钮来实现切换页面。

tabBar 中有以下 4 个必配置项。

- list：用于配置 tab 栏的列表项。
- color：用于配置 tab 栏上的文字默认颜色，仅支持十六进制颜色值。
- selectedColor：用于配置 tab 栏上的文字选中时的颜色，仅支持十六进制颜色值。
- backgroundColor：用于配置 tab 栏的背景颜色，仅支持十六进制颜色值。

其中 list 的值为数组类型，只能配置最少 2 个、最多 5 个 tab 列表项。tab 列表项的顺序是按照数组的元素顺序排列的，数组的每个元素都是一个对象，在对象中配置 tab 列表项的路径、文字、默认与选中时的图片路径等信息。配置小程序底部 tab 栏的代码如例 4.6 所示。

【例 4.6】配置小程序底部 tab 栏。

```
{
  "pages":[
    "pages/index/index",
    "pages/logs/logs"
  ],
  "tabBar": {
    "color": "#7D6566",
    "selectedColor": "#5592FA",
    "backgroundColor": "#ffffff",
    "borderStyle": "black",
    "list": [
      {
        "pagePath": "pages/index/index",
        "text": "首页",
        "iconPath": "images/icon-index.png",
        "selectedIconPath": "images/icon-index-sel.png"
      },
      {
        "pagePath": "pages/logs/logs",
        "text": "日志",
        "iconPath": "images/icon-logs.png",
        "selectedIconPath": "images/icon-logs-sel.png"
      }
    ],
    "position": "bottom"
  }
}
```

完成小程序窗口底部的 tabBar 配置之后，效果如图 4.3 所示。

在 pagePath 属性中配置 tab 栏的页面路径时，页面的路径必须要在 pages 数组中预先定义，否则会报错。tab 栏上的图片必须是从项目本地引入的图片文件，不支持网络图片，图片的大小限制在 40KB 以内，建议尺寸为 81px × 81px。

图 4.3　小程序窗口底部的 tabBar 效果

< 47 >

4.1.5 网络超时配置

networkTimeout 属性用于设置各类网络请求的超时时间，该属性的值为 Object 类型，设置的超时时间单位为 ms，默认值均为 60000ms（即 1min）。networkTimeout 可配置项及相关说明如表 4.1 所示。

表 4.1 networkTimeout 可配置项及相关说明

配置项	数据类型	说明
request	number	发起 HTTPS 网络请求的超时时间
connectSocket	number	创建一个 WebSocket 连接的超时时间
uploadFile	number	将本地资源上传到服务器的超时时间
downloadFile	number	下载文件资源到本地的超时时间

配置网络请求超时时间的代码如例 4.7 所示。

【例 4.7】配置网络请求超时时间。

```
// 文件app.json
{
  "networkTimeout": {
    "request": 60000
  }
}
```

4.1.6 小程序接口权限配置

permission 属性用于设置小程序相关接口权限，该属性的值为 Object 类型。在其中可以配置一个名为 scope.userLocation 的字段，字段的值为 PermissionObject 结构，详细配置如例 4.8 所示。

【例 4.8】配置小程序接口权限。

```
{
  "pages": ["pages/index/index"],
  "permission": {
    "scope.userLocation": {
      "desc": "小程序将获取您的位置信息"
    }
  }
}
```

在例 4.8 中，scope.userLocation 用于位置相关权限的声明，其值为对象类型；desc 用于说明小程序获取权限时接口的用途。

scope 可配置权限及相关说明如表 4.2 所示。关于 scope 的具体介绍，见表 11.1。

表 4.2 scope 可配置权限及相关说明

权限	说明
scope.userLocation	获取用户地理位置信息
scope.userLocationBackground	开启后台定位能力
scope.record	开启移动设备的麦克风
scope.camera	开启移动设备的摄像头
scope.writePhotosAlbum	添加到相册
scope.addPhoneContact	添加到联系人
scope.addPhoneCalendar	添加到日历
scope.werun	调用微信运动步数

< 48 >

4.1.7　小程序样式版本配置

从微信客户端 7.0 开始，微信小程序 UI 界面做了很大的改版，同时也进行了基础组件的样式升级。在全局配置文件 app.json 中配置 style 属性的值为 "v2" 可表明启用新版的组件样式，详细的配置代码如例 4.9 所示。

【例 4.9】配置小程序样式版本。

```
{
  "style": "v2"
}
```

基础库 2.8.0 版本开始支持 style 的配置，如果使用了更低版本的基础库，不支持该功能，就需要做兼容处理。如果使用了小程序的第三方 UI 组件库（例如 Vant Weapp UI 组件库），这些组件库与小程序新版基础组件之间存在不兼容的情况，开发者需要在 app.json 全局配置文件中删除 style 的配置，否则会造成部分组件样式混乱。

4.1.8　全局自定义组件配置

usingComponents 属性用于全局声明自定义组件。如果已经在 app.json 全局配置文件中声明了全局自定义组件，就不需要在小程序内的页面或自定义组件中再次声明，直接使用该组件即可。

从小程序基础库 1.6.3 版本开始，小程序支持简洁的组件化编程。所有自定义组件相关特性都需要基础库 1.6.3 版本或更高版本支撑。开发者可以将页面内的功能模块抽象成自定义组件以便在不同的页面中重复使用，也可以将复杂的页面拆分成多个低耦合的模块以有助于代码维护。自定义组件在使用时与基础组件非常相似。

自定义组件和创建页面一样，需要定义 .json、.wxml、.wxss、.js 4 个文件。首先需要在 .json 文件中进行自定义组件声明。在项目根目录下的 components 文件夹中创建一个自定义组件的文件夹 my-component，并在该文件夹中创建 4 种类型的文件，且都命名为 "index"，如图 4.4 所示。

自定义组件的 index、json 文件配置代码如例 4.10 所示。

【例 4.10】自定义组件的 index.json 文件配置代码。

图 4.4　自定义组件

```
{
  "component": true
}
```

同时，还要在 index.wxml 文件中编写组件模板，在 index.wxss 文件中加入组件样式，它们的写法与页面的写法类似。自定义组件模板和样式示例代码如例 4.11 所示。

【例 4.11】自定义组件模板和样式。

```
<!-- 这是自定义组件的内部 WXML 结构 -->
<view class="inner">
  {{innerText}}
</view>
<slot></slot>

// 这里的样式只应用于这个自定义组件
.inner {
  color: red;
}
```

< 49 >

为自定义组件设置样式时不能使用 ID 选择器、属性选择器和标记选择器，只能使用类选择器。在自定义组件的 index.js 文件中需要使用 Component() 来注册组件，并提供组件的属性定义、内部数据和自定义方法，示例代码如例 4.12 所示。组件的属性值和内部数据会被用于组件 wxml 的渲染，其中，属性值是可由组件外部传入的。

【例 4.12】自定义组件的逻辑。

```
Component({
  properties: {
    // 这里定义了 innerText 属性，属性值可以在组件使用时指定
    innerText: {
      type: String,
      value: 'default value',
    }
  },
  data: {
    // 这里是一些组件内部数据
    someData: {}
  },
  methods: {
    // 这里是一个自定义方法
    customMethod: function(){}
  }
})
```

使用已注册的自定义组件之前，需要在 app.json 全局配置文件中进行引用声明，也可以在页面的 page.json 文件中引用声明。在 app.json 中引用自定义组件的示例代码如例 4.13 所示。

【例 4.13】在 app.json 中引用自定义组件。

```
{
  "usingComponents": {
    "my-component": "/components/my-component/index"
  }
}
```

这样，在 index.wxml 页面中就可以像使用基础组件一样使用自定义组件，示例代码如例 4.14 所示。节点名即自定义组件的标记名，节点属性即传递给组件的属性值。

【例 4.14】在页面中使用自定义组件。

```
<view>
  <!-- 以下是对一个自定义组件的引用 -->
  <my-component inner-text="Some text"></my-component>
</view>
```

自定义组件的 wxml 节点结构在与数据结合之后，会被插入引用位置内。

4.2 页面配置文件

页面配置文件

小程序应用的每个页面都是由 4 个文件组成的，分别为 page.wxml、page.wxss、page.js 和 page.json。其中，page.json 就是当前页面的配置文件，它用于对当前页面的窗口表现进行配置。例如，page.json 可以对当前页面的导航栏、窗口背景、下拉刷新、上拉触底、页面自定义组件等表现能力进行配置。页面的窗口配置在当前页面会覆盖 app.json 的 window 属性中的相同配置项。

< 50 >

4.2.1　导航栏配置

开发者可以对微信小程序的导航栏进行自定义样式设置，但是在设置导航栏时必须保留右上角的胶囊按钮。通过 page.json 配置文件可以设置小程序导航栏的背景颜色、标题颜色、标题文字内容等，具体的配置项如下所示。

- navigationBarBackgroundColor：用于设置导航栏的背景颜色，值为十六进制的颜色，默认值为"#000000"。
- navigationBarTextStyle：用于设置导航栏的标题颜色，值为字符串类型，且值必须为指定的字符串，仅支持"black"和"white"两个值，默认值为"white"。
- navigationBarTitleText：用于设置导航栏标题文字内容，值为字符串类型。
- navigationStyle：用于设置导航栏的样式，值为字符串类型，仅支持"default"和"custom"两个字符串值。如果值为"custom"时，可以自定义导航栏样式，但是必须要保留右上角的胶囊按钮；自定义导航栏仅在 iOS、Android 操作系统的微信客户端可用。

小程序页面中的导航栏样式配置代码如例 4.15 所示。

【例 4.15】配置页面导航栏样式。

```
// index.json
{
  "navigationBarBackgroundColor": "#ffffff",
  "navigationBarTextStyle": "black",
  "navigationBarTitleText": "商城首页"
}
```

运行上面代码，小程序首页导航栏效果如图 4.5 所示。

如果在小程序页面的配置文件中设置了导航栏样式，那么全局配置文件 app.json 中关于导航栏的配置在当前页面会被覆盖。

图 4.5　小程序首页导航栏效果

4.2.2　窗口配置

页面配置文件中的窗口样式配置项和 app.json 文件中相关的配置项用法是相同的，常见的配置项如下。

- backgroundColor：用于设置窗口的背景颜色，值为十六进制颜色，默认值为"#ffffff"。
- backgroundColorTop：用于设置顶部窗口的背景颜色，值为十六进制颜色，仅支持 iOS 的微信客户端，并且微信客户端要高于 6.5.16 版本。
- backgroundColorBottom：用于设置底部窗口的背景颜色，值为十六进制颜色，仅支持 iOS 的微信客户端，并且微信客户端要高于 6.5.16 版本。
- pageOrientation：用于设置屏幕的旋转方向，值为字符串类型，支持"auto""portrait""landscape"等固定值。
- disableScroll：用于设置是否启用页面整体上下滚动的功能，值为 boolean 类型，默认值为 false；当值设置为 true 时页面不能整体上下滚动，并且只在页面配置中有效，无法在 app.json 中设置。

显示区域是指小程序界面中可自由布局展示的区域。在默认情况下，小程序显示区域的尺寸自页面初始化起就不会发生变化。从小程序基础库 2.4.0 版本开始，小程序在手机上支持屏幕旋转。使小程序中的页面支持屏幕旋转的方法是：在 app.json 文件的 window 中设置"pageOrientation": "auto"，或者在页面.json 文件中配置"pageOrientation": "auto"。

< 51 >

在单个页面.json 文件中启用屏幕旋转的代码如例 4.16 所示。

【例 4.16】设置屏幕旋转。

```
// index.json
{
  "pageOrientation": "auto"
}
```

如果页面添加了例 4.16 的配置项，则在屏幕旋转时，这个页面将随之旋转，显示区域尺寸也会随着屏幕旋转而变化。另外，还可以将 pageOrientation 的值设置为"landscape"，表示固定为横屏显示。

有时，对于不同尺寸的显示区域，页面的布局会有所差异，此时可以使用 media query 来解决大多数问题。但仅仅使用 media query 无法控制一些精细的布局变化，此时可以使用.js 作为辅助。在.js 中读取页面的显示区域尺寸可以使用 selectorQuery.selectViewport。

页面尺寸发生改变的事件可以使用页面的 onResize 来监听，自定义组件可以使用 resize 生命周期来监听，它们的回调函数中都将返回显示区域的尺寸信息，示例代码如例 4.17 所示。

【例 4.17】监听页面和自定义组件的尺寸变化。

```
// 在页面中监听
Page({
  onResize(res){
    res.size.windowWidth      // 新的显示区域宽度
    res.size.windowHeight     // 新的显示区域高度
  }
})

// 在自定义组件中监听
Component({
  pageLifetimes: {
    resize(res){
      res.size.windowWidth    // 新的显示区域宽度
      res.size.windowHeight   // 新的显示区域高度
    }
  }
})
```

4.2.3 页面加载配置

小程序页面加载配置如下。

- enablePullDownRefresh：用于设置当前页面下拉刷新功能的开启与关闭，值为 boolean 类型，默认值为"false"。Page.onPullDownRefresh()方法可以监听页面的下拉刷新。
- onReachBottomDistance：用于设置页面上拉触底事件触发时，页面底部的触发距离，值为 number 类型，默认值为"50px"。Page.onReachBottom()方法可以监听页面的上拉触底。
- initialRenderingCache：用于设置页面初始渲染缓存，值为字符串类型，支持"static"和"dynamic"两个固定值。
- restartStrategy：用于设置小程序的重启策略，值为字符串类型，默认值为"homePage"。

小程序页面的初始化分为两个部分，分别为逻辑层初始化和视图层初始化。在启动页面时，尤其是小程序冷启动、进入第一个页面时，逻辑层初始化的时间较长。在页面初始化过程中，用户将看到小程序的标准载入画面（冷启动时）或看到轻微的白屏现象（页面跳转过程中）。

< 52 >

启用初始渲染缓存，可以使视图层不需要等待逻辑层初始化完毕，而直接提前将页面初始 data 的渲染结果展示给用户，这样可以使得页面对用户可见的时间极大提前。

利用初始渲染缓存，可以实现以下功能。

- 快速展示出页面中永远不会变的部分，如导航栏。
- 预先展示一个骨架页，提升用户体验。
- 展示自定义的加载提示。
- 提前展示广告。

4.3 sitemap 配置文件

sitemap 配置文件

4.3.1 sitemap 介绍

微信客户端提供了搜索小程序的功能，开发者可以通过 sitemap.json 配置文件来配置小程序页面是否允许被微信索引。当开发者允许微信索引时，微信会通过爬虫的形式，为小程序的页面内容建立索引。当用户的搜索词条触发该索引时，小程序的页面将可能展示在搜索结果中。

sitemap.json 配置文件被放置在小程序的根目录下，文件内容是一个 JSON 对象。如果小程序中没有创建 sitemap.json 配置文件，则默认所有页面都允许被索引。JSON 对象中的 rules 用于设置索引规则，示例代码如例 4.18 所示。

【例 4.18】配置小程序的索引规则。

```
// sitemap.json
{
  "desc": "当前配置文件的描述信息",
  "rules": [{
    "action": "allow",
    "page": "*"
  }]
}
```

rules 指定了索引规则，每项规则为一个 JSON 对象，rules 配置项及相关说明如表 4.3 所示。

表 4.3　rules 配置项及相关说明

配置项	数据类型	说明
action	string	命中该规则的页面是否能被索引
page	string	"*" 表示所有页面，不能作为通配符使用
params	string[]	当 page 字段指定的页面被本规则匹配时，可能使用的页面参数名称的列表（不含参数值）
matching	string	当 page 字段指定的页面被本规则匹配时，此参数说明 params 匹配方式
priority	number	值越大则优先级越高，否则默认从上到下匹配

4.3.2 小程序的索引规则

在 rules 配置项中，matching 字段可以说明 params 的匹配方式。matching 字段的值包括以下几个。

- exact：当小程序页面的参数列表等于 params 时，规则命中。
- inclusive：当小程序页面的参数列表包含 params 时，规则命中。
- exclusive：当小程序页面的参数列表与 params 交集为空时，规则命中。

< 53 >

- partial：当小程序页面的参数列表与 params 交集不为空时，规则命中。

以 exact 的命中规则为例，具体的配置代码如例 4.19 所示。

【例 4.19】配置小程序的索引规则。

```
// sitemap.json
{
  "rules":[{
    "action": "allow",
    "page": "path/to/page",
    "params": ["a", "b"],
    "matching": "exact"
  }, {
    "action": "disallow",
    "page": "path/to/page"
  }]
}
```

在上面的配置中，命中规则 matching 的值为 "exact"，表示当小程序页面的参数有且仅有 "a" 和 "b" 时才会被索引。例如，路径为 "path/to/page?a=1&b=2" 则优先被索引；如果路径中的参数仅包含 "a" 或 "b" 其中一项，或者是除了包含 "a" "b" 两个参数之外，还有其他参数存在，该路径都不会被索引；如果路径 "path/to/page" 中没有任何参数，该路径也不会被索引。

4.4 项目配置文件

小程序项目根目录下还有一个 project.config.js 配置文件，该文件用于对项目进行配置。如果开发者在一台计算机上的微信开发者工具中做很多项目相关的配置，当把项目复制到其他计算机中并用微信开发者工具打开时还想继续保留之前的配置，那就需要使用 project.config.js 保留项目的配置信息。

project.config.js 的配置项及相关说明如表 4.4 所示。

表 4.4 project.config.js 的配置项及相关说明

配置项	数据类型	说明
miniprogramRoot	string	指定小程序源码的目录（需为相对路径）
pluginRoot	string	指定插件项目的目录（需为相对路径）
cloudbaseRoot	string	云开发代码根目录
compileType	string	编译类型
setting	object	项目设置
libVersion	string	基础库版本
appid	string	项目的 appid，只在新建项目时读取
projectname	string	项目名称，只在新建项目时读取
packOptions	object	打包配置选项
debugOptions	object	调试配置选项
watchOptions	object	文件监听配置设置
scripts	object	自定义预处理

在表 4.4 的配置项中，setting 字段是用于对项目的编译设置。开发者可以在 project.config.js 配置文件中对项目进行手动设置，具体代码如例 4.20 所示。

< 54 >

【例 4.20】项目编译设置。

```
// project.config.js
{
    "setting": {
        "urlCheck": false,              // 是否检查安全域名和 TLS 版本
        "es6": true,                    // 是否开启 es6 转 es5
        "enhance": true,                // 是否打开增强编译
        "postcss": true,                // 上传代码时样式是否自动补全
        "preloadBackgroundData": false,
        "minified": true,               // 上传代码时是否自动压缩
        "uglifyFileName": false,   // 是否进行代码保护
    }
}
```

除此之外，还可以使用微信开发者工具进行图形化设置，如图 4.6 所示。

单击工具栏右侧的"详情"按钮，选择"本地设置"，通过复选框勾选的本地设置最终会在 project.config.js 配置文件中以 JSON 对象的形式保存。

4.5　本章小结

本章通过对小程序配置文件的学习，了解到小程序一共有 4 种配置文件，分别是全局配置文件、页面配置文件、索引配置文件、项目配置文件。配置文件在小程序项目开发中起着至关重要的作用。一些核心的样式和属性都需要通过配置文件来实现修改，这也体现了小程序"配置优越约定"的架构思想。

4.6　习题

图 4.6　小程序项目的本地设置

1. 填空题

（1）小程序的底部 tab 栏需要在_____文件中进行配置。

（2）修改小程序的样式版本需要在 app.json 文件中设置_____字段。

（3）只允许当前页面实现下拉刷新需要在_____文件中进行配置。

（4）设置导航栏标题颜色为黑色，需要将 navigationBarTextStyle 的值设置为_____。

2. 选择题

（1）以下选项不属于小程序全局配置属性的是（　　）。

    A. pages   B. tabBar   C. permission   D. Rules

（2）下列文件不能放在小程序项目根目录下的是（　　）。

    A. app.json   B. page.json   C. app.wxss   D. project.config.js

（3）下列不属于小程序的窗口样式配置属性的是（　　）。

    A. navigationBarTextStyle   B. navigationBarTitleText

    C. usingComponents   D. backgroundColor

< 55 >

第 5 章 WXML 语法基础

本章学习目标
- 理解 WXML 的设计理念。
- 掌握 WXML 的基础语法。
- 掌握 WXML 的数据绑定与数据渲染。
- 掌握小程序的事件处理机制。

从本章开始，就正式进入小程序项目开发学习的初级阶段。本章将介绍小程序的界面构成。有过网页开发学习经历的读者都知道，网页开发所使用的技术是 HTML、CSS 和 JS，其中 HTML 用于描述整个网页的结构，也是整个网页的"骨架"。在小程序中，使用 WXML 构建整个小程序的页面结构，WXML 的作用就相当于网页开发中的 HTML，但是 WXML 与 HTML 还是有很多不同之处。通过对本章的学习，读者可以熟悉 WXML 的原理和应用；掌握 WXML 的语法是读者学习小程序开发的基础。

5.1 WXML 文件介绍

WXML 的作用是用于小程序页面的布局。其用法与 HTML 的用法相似，都是使用标记来声明一个页面元素，并且标记上也可以使用属性。但是与 HTML 不同，小程序中的 WXML 标记必须有闭合。简单来说，一段完整的 WXML 语句是由一个开始标记和一个结束标记组成的，语法如例 5.1 所示。

【例 5.1】WXML 的语法。

```
<标记名 属性名="属性值" 属性名="属性值" ……>
……
</标记名>
```

WXML 的开始标记和结束标记中包裹着要展示在页面中的内容，其内容可以是一段简单的字符串文本，也可以是其他的 WXML 语句。在开始标记中还可以为该标记传入属性。接下来，将在微信开发者工具中编写一个完整的 WXML 文件，代码如例 5.2 所示。

【例 5.2】小程序首页的 WXML 代码。

```
// index.wxml
<view style="color: red;font-size: 25px;font-weight: 600;">
    Hello, 小程序
    <view class="sub-title">小程序商城首页</view>
</view>

// index.wxss
```

```
.sub-title {
  font-size: 18px;
  font-weight: 100;
  color: #000;
  margin-top: 10px;
}
```

例 5.2 在小程序模拟器中运行的效果如图 5.1 所示。

在小程序中，WXML 用于构建页面结构，其用法与 HTML 类似，开发者可以直接在 WXML 开始标记中使用 style 属性设置当前标记元素的样式，也可以使用 class 属性来指定当前标记的类名称，以使用外联的 WXSS 文件设置标记样式。但是在 WXML 中的标记与 HTML 的预定义标记还是有一些区别的，例如小程序的 WXML 标记必须有闭合，而且开始标记定义的属性值严格区分英文大小写。

WXML 有 4 个语言特性，分别是数据绑定、条件渲染、列表渲染和模板引用。通过这 4 个语言特性，可以很方便地使用 WXML 来构建更加丰富多彩的页面。

图 5.1　index.wxml 页面的运行效果

5.2　数据绑定

数据绑定

在常见的 PC 端网站或 H5 网页中，比如气象类网页或股市类网页，这些应用的页面数据都需要频繁地动态更新，这时就需要让网页拥有动态更新的能力。在小程序中，开发者可以通过 WXML 语言的数据绑定功能来实现数据的动态更新。那么 WXML 是如何实现数据绑定的呢？

5.2.1　简单内容绑定

首先，创建一个 index 页面的文件夹，并在 index 文件夹下创建 4 个文件，分别是 index.wxml、index.wxss、index.js、index.json，然后在 WXML 和 JS 文件中编写如例 5.3 所示的代码。

【例 5.3】index 页面代码。

```
// index.wxml
<view>
    <text>{{message}}</text>
</view>

// index.js
Page({
  data: {
    message:  "Hello,World"
  }
})
```

上面代码在小程序模拟器中运行的效果如图 5.2 所示。

从图 5.2 可以看出，WXML 文件中的动态数据都是来自当前页面 JS 文件中配置的 data 对象。在 WXML 的数据绑定过程中用到了一个 Mustache 的语法，即如果要在 WXML 中绑定某个变量，需要使用双括号 "{{ }}" 把变量名包裹起来。Mustache 语法的使用过程如图 5.3 所示。

图 5.2　小程序首页运行效果

< 57 >

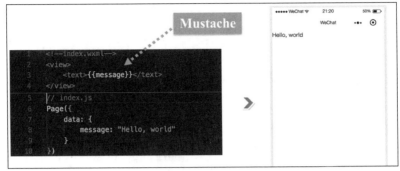

图 5.3　Mustache 语法的使用过程

从图 5.3 中可以看出，index.js 文件中声明了 data 对象，在 data 对象中又定义了一个 message 属性，然后在 index.wxml 文件中通过"{{message}}"的语法将 message 属性绑定到了 WXML 文件中。小程序的模拟器加载了 index.wxml 文件，通过一系列的编译过程就可以把 message 属性的值渲染到页面中。

5.2.2　属性绑定

在 WXML 中 Mustache 语法除了可以绑定简单的文本类型之外，还可以用于绑定标记的属性，如例 5.4 所示。

【例 5.4】WXML 中的属性绑定。

```
// index.wxml
<view data-name="{{theName}}">
    <text>{{message}}</text>
</view>

// index.js
Page({
  data: {
    message:  "Hello,World",
    theName: 'Tom'
  }
})
```

运行例 5.4 中的代码后，开发者可以通过微信开发者工具的调试器来查看编译后的标记代码，如图 5.4 所示。

通过例 5.4 可以看出，在 data 对象中定义一个名为 theName 的数据属性，然后在 WXML 文件内通过<view>标记上的 data-name 标记属性来绑定 theName 变量的值，小程序在渲染时也可以将 theName 的值实时渲染出来。

图 5.4　页面编译后的代码

需要注意的是，WXML 中所有的组件名和属性名都需要小写，而且 Mustache 语法中绑定的变量名称也是严格区分英文大小写的。

5.2.3　模板运算

WXML 中还可以进行一些运算符绑定。此处以三元运算绑定为例进行介绍，示例代码如例 5.5 所示。

【例 5.5】三元运算绑定。

```
// index.wxml
```

< 58 >

```
<view  hidden="{{flag ? true : false}}">
    可以被隐藏的内容
</view>

// index.js
Page({
  data: {
    flag: false
  }
})
```

上面代码运行后的效果如图 5.5 所示。

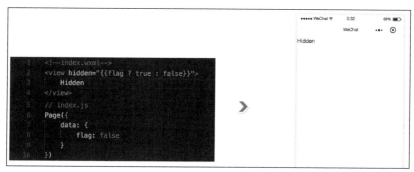

图 5.5　三元运算绑定的效果

在 WXML 文件内声明一个<view>标记，为标记定义一个 hidden 属性，这里的 hidden 属性是用于控制对应标记内容显示或隐藏的一个属性。在 index.js 文件中声明 data 对象，并为其定义一个 flag 为 false 的数据属性，然后在<view>标记内进行判断。如果传入的 flag 变量值为 true，就隐藏<view>标记中的文本内容；如果传入的 flag 变量值为 false，就显示<view>标记中的文本内容。在例 5.5 的代码中，传入的 flag 变量值为 false，所以小程序的页面显示出了<view>标记内的文本内容。

运算符绑定除了有三元运算之外，还有算术运算、字符串运算、数据路径运算、逻辑运算等。

此处以算术运算绑定为例进行介绍，示例代码如例 5.6 所示。

【例 5.6】算术运算绑定。

```
// index.wxml
<view> {{a+b}}+{{c}}+d </view>

// index.js
Page({
  data: {
    a: 1,
    b: 2,
    c: 3
  }
})
```

在小程序模拟器中运行的效果如图 5.6 所示。

关于小程序运算符绑定的代码，开发者都可以按照例 5.5 和例 5.6 的代码进行编写。读者可以自己在微信开发者工具中进行尝试，这里就不再一一举例了。

图 5.6　算术运算绑定的效果

< 59 >

5.2.4 标记的公共属性

通过对本章之前内容的学习读者可以知道，WXML 标记内可以传入一些属性来控制当前标记组件，每个标记的属性都是不同的，但是小程序提供了 6 种标记的公共属性，这些属性及相关说明如表 5.1 所示。

表 5.1 WXML 标记的公共属性及相关说明

属性名	类型	说明
id	String	组件的唯一标识，在整个页面具有唯一性
class	String	在对应的 WXSS 中定义的样式类
style	String	组件的内联样式
hidden	Boolean	组件是否显示。默认为显示
data-*	Any	自定义属性，触发组件的事件时会发送给事件处理函数
bind*/catch*	EventHandler	组件的事件

5.3 条件渲染

条件渲染

5.3.1 基础语法

在 WXML 的标记中，使用 wx:if 属性来判断是否需要渲染该代码块，其实现的代码如例 5.7 所示。

【例 5.7】wx:if 逻辑判断。

```
// index.wxml
<view wx:if="{{true}}"> True </view>
```

在使用 wx:if 标记的同级元素下，还可以继续使用 wx:elif 和 wx:else 来处理逻辑的分支，其实现的代码如例 5.8 所示。

【例 5.8】逻辑的分支处理。

```
// index.wxml
<view wx:if="{{length > 5}}"> 1 </view>
<view wx:elif="{{length > 2}}"> 2 </view>
<view wx:else> 3 </view>

// index.js
Page({
  data: {
    length: 5
  }
})
```

接下来，将对例 5.8 中代码语句的含义进行解释。在 WXML 文件中声明了 3 个<view>标记，这 3 个标记是相互关联的逻辑判断语句。然后在 WXML 中绑定了一个变量 length，它就是 index.js 中定义的 length 数据属性。当 length 属性的值大于 5 时，页面就渲染数字 1；当 length 的值大于 2 且小于或等于 5 时，页面就渲染数字 2；当 length 的值小于或等于 2 时，页面就渲染数字 3。WXML 中的条件渲染通过 3 个属性来实现逻辑判断，分别是 wx:if、wx:elif 和 wx:else，这 3 个属性共同来控制页面的条件渲染。

< 60 >

另外，还可以将 index.js 的代码修改为随机生成 length 的值，示例代码如例 5.9 所示。

【例 5.9】随机生成 length 的值。

```
// index.js
Page({
  data: {
    length: Math.floor(Math.random()*5+1)
  }
})
```

运行上面的代码后，Math.random()方法会生成一个 0~1 的浮点随机数，其包含 0 但不包含 1；而 Math.floor()方法会对随机生成的浮点数进行向下取整的处理，所以 length 的值就会随机生成 1~5 的随机整数。那么，此时页面中渲染的数字也就变成随机显示的了。

5.3.2　条件渲染与隐藏属性

在 5.2.4 小节中介绍过 WXML 标记的公共属性，其中 hidden 属性就可以用于控制标记元素的显示与隐藏。那么 wx:if 和 hidden 属性之间有什么区别呢？

其实，无论是 wx:if 还是 hidden 属性，都可以用来控制元素的显示与隐藏。不同的是，wx:if 在条件判断值发生切换时，小程序框架会有一个局部渲染的过程，从而确保代码中的条件块在渲染时可以销毁，并重新进行渲染；相比之下，定义 hidden 属性的标记始终都会被渲染，只是通过 display 属性来控制元素的显示与隐藏。

使用 wx:if 控制元素显示与隐藏的代码如例 5.10 所示。

【例 5.10】wx:if 控制元素显示与隐藏。

```
// index.wxml
<view>
    Hello,
    <text wx:if="{{false}}">小程序</text>
</view>
```

执行上面代码后，在小程序模拟器中显示的效果如图 5.7 所示。

上面代码渲染后的控制台输出效果如图 5.8 所示。

图 5.7　wx:if 渲染后的页面效果

图 5.8　wx:if 条件渲染后的控制台输出效果

使用 hidden 属性控制元素显示与隐藏的代码如例 5.11 所示。

【例 5.11】hidden 属性控制元素显示与隐藏。

```
// index.wxml
<view>
    Hello,
    <text hidden="{{true}}">小程序</text>
</view>
```

< 61 >

运行上面代码后，在小程序模拟器中显示的效果如图 5.9 所示。

上面代码渲染后的控制台输出效果图 5.10 所示。

图 5.9　hidden 属性渲染后的页面效果　　　　图 5.10　hidden 属性渲染后的控制台输出效果

通过例 5.10 和例 5.11 的对比，可以发现 wx:if 条件每次渲染时都会销毁并重新加载元素，这样就带来了更高的切换消耗；而 hidden 属性在初始化渲染后，每次的显示与隐藏切换都不会再次渲染。因此，开发者可以根据实际开发中具体的场景来选择使用哪种渲染方式。如果页面中的元素需要频繁地切换显示与隐藏，可以使用 hidden 属性，这样会带来更高效的渲染性能。

5.4 列表渲染

列表渲染

列表渲染在开发中的应用场景非常广泛，例如日常生活中的网购。在电商网站中选购商品时，每个商品都对应了很多个品牌，这时就需要在页面中把每个品牌对应的一个个商品信息展示给用户。当商品数量较少时，开发者可以一行一行地去写 WXML 的标记；但是当要展示的商品数量比较多且商品数量不固定时，如果还是一行一行写 WXML 标记就会显得特别烦琐。

为了解决这个问题，就需要在开发中用到 WXML 语言的列表渲染特性。

5.4.1　基本语法

在组件上使用 wx:for 属性绑定一个数组，在 WXML 中就可以使用数组中各项的数据重复渲染该组件了。商品列表渲染的代码如例 5.12 所示。

【例 5.12】商品列表渲染。

```
// index.wxml
<view wx:for="{{goods}}"  wx:key="index">
    {{index}}. 商品: {{item.title}}, 价格: {{item.price}}
</view>

// index.js
Page({
  data: {
    goods: [
      {title: "商品 1", price: 100},
      {title: "商品 2", price: 200},
      {title: "商品 3", price: 300},
      {title: "商品 4", price: 400},
    ]
```

< 62 >

```
    }
  })
```

上面代码在小程序模拟器中运行的效果如图 5.11 所示。

通过上面的示例，在 data 对象中定义了一个 goods 数组，数组中的每个元素都是一个商品对象。然后在 WXML 文件中使用 wx:for 属性来绑定 goods 数组。

在 wx:for 定义的标记中使用了两个变量，分别是 index 和 item。index 是指当前遍历的元素在数组中的下标；item 是指当前所遍历的数组元素。这两个变量是 wx:for 遍历数组时默认的下标与元素对象的变量名。如果在使用下标或元素对象时出现变量名冲突的情况，可以使用 wx:for-item、wx:for-index 来指定数组当前元素对象和下标的变量名，具体实现的代码如例 5.13 所示。

图 5.11　商品列表渲染的页面效果

【例 5.13】修改下标和元素对象的变量名。

```
// index.wxml
<view wx:for="{{goods}}"  wx:key="index" wx:for-index="id" wx:for-item="g">
   {{id}}. 商品: {{g.title}}, 价格: {{g.price}}
</view>

// index.js
Page({
  data: {
    goods: [
      {title: "商品 1", price: 100},
      {title: "商品 2", price: 200},
      {title: "商品 3", price: 300},
      {title: "商品 4", price: 400},
    ]
  }
})
```

上面代码在小程序模拟器中运行的效果如图 5.12 所示。

图 5.12　商品列表页面渲染效果

5.4.2　key 属性

如果列表中元素的位置会动态改变或者有新的元素添加到列表中，并且希望列表中的元素保持自己的特征和状态（如 input 中的输入内容，switch 的选中状态），这时就需要使用 wx:key 来指定列表中元素唯一的标识符。

wx:key 的值以如下两种形式提供。

- 字符串：代表在 for 循环的 array 中 item 的某个 property，该 property 的值需要是列表中唯一的字符串或数字，且不能动态改变。
- 保留关键字*this：代表在 for 循环中的 item 本身，这种表示需要 item 本身是唯一的字符串或者数字。

当数据改变触发渲染层重新渲染的时候，会校正带有 key 的组件，框架会确保它们被重新排序，而不是重新创建，以确保使组件保持自身的状态，并且提高列表渲染时的效率。

如果不提供 wx:key，会报出一个警告，如图 5.13 所示。如果明确知道该列表是静态，或者不必关注其顺序，可以选择忽略。

< 63 >

图 5.13　缺少 wx:key 属性的控制台警告

5.5 模板与引用

5.5.1 WXML 模板

WXML 中还可以定义模板。在模板中可以自定义代码片段，然后在需要的地方对代码片段进行调用或引入。WXML 模板的使用代码如例 5.14 所示。

【例 5.14】WXML 模板的使用。

```
// index.wxml
<template name="address">
    <view>收件人：{{name}}</view>
    <view>电话：{{phone}}</view>
    <view>地址：{{addr}}</view>
</template>

<!-- 使用模板 -->
<template is="address" data="{{...userAddr}}"></template>

// index.js
Page({
  data: {
    userAddr: {
      name: '张三',
      phone: '130666688**',
      addr: '北京市海淀区'
    }
  }
})
```

上面代码在小程序模拟器中运行的效果如图 5.14 所示。

在 index.wxml 文件中使用<template>标记来定义模板的代码片段，在<template>标记上定义 name 属性作为模板的名称。在需要使用模板的地方还是用<template>标记来引用模板，并且定义 is 属性，声明需要使用的模板名称，然后将模板所需的 data（数据）传入。如果声明了多个模板代码片段，可以使用 Mustache 语法为 is 属性赋值，以此实现动态决定具体需要渲染哪个模板。

图 5.14　小程序运行的页面效果

< 64 >

5.5.2　WXML 引用

在 WXML 中提供了模板的特性，即只需要编写一次模板代码就可以在页面中多处调用，从而减少页面的代码量。在 WXML 页面中除了使用模板之外，还提供了两种文件引用的方式，分别是 import 和 include。

首先，可以观察一下 import 是如何引用文件的。import 只能引用开发者所定义的模板文件中的模板内容，例如在 index 页面目录下新建一个 temp.wxml 的文件，其代码如例 5.15 所示。

【例 5.15】temp.wxml 文件代码。

```
// temp.wxml
<view>这是 temp 页面</view>
<template name="tempCode">
    <view>这是 temp 文件的模板</view>
</template>
```

然后在 index 目录下的 index.wxml 文件中引入 temp.wxml 文件中定义的模板，其代码如例 5.16 所示。

【例 5.16】index.wxml 引入模板。

```
// index.wxml
<import src="./temp.wxml"></import>
<template is="tempCode"></template>
```

上面代码在小程序模拟器中渲染后的效果如图 5.15 所示。

通过上面的示例可以看出，在 index.wxml 文件内通过 `<import>` 标记的 src 属性引入了 temp.wxml 文件中的模板内容，然后通过声明 `<template>` 标记的 is 属性来定义具体要使用的模板名称。在 temp.wxml 文件中，分别使用了 `<view>` 和 `<template>`

图 5.15　index.wxml 引用模板的页面效果

两个标记来声明了两段代码块内容，在运行代码后，小程序页面只渲染了 `<template>` 标记中的内容。在页面中引入了模板之后，只能渲染引入的对应模板内容。

以 import 引用模板时，还有一个作用域的概念。也就是说，只能引用目标文件所定义的 template（模板），如果目标文件中嵌套了其他文件的 template（模板），是不会被引用到的。示例代码如图 5.16 所示。

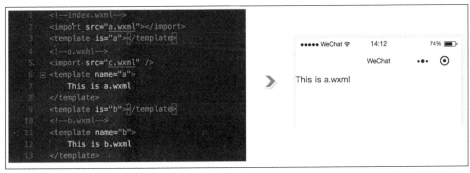

图 5.16　模板作用域

通过图 5.16 可以看出，代码中有 3 个 WXML 文件。首先在 index.wxml 文件引入 a.wxml 中定义的名称为 a 的模板，然后在 a.wxml 文件内引入 b.wxml 中定义的名称为 b 的模板，同时又在 a.wxml 文件

< 65 >

内定义了自身的模板内容。小程序在渲染 index.wxml 页面时，只显示了 a.wxml 中定义的名称为 a 的模板内容，即 "This is a.wxml" 的文本内容。正是因为 import 具有作用域的概念，才能避免引用模板造成死循环的风险。比如，在 a.wxml 中引入 b.wxml 的模板，然后又在 b.wxml 中引入 a.wxml 的模板，这样就会造成一个死循环的引用场景。

与 import 不同，include 是把目标文件中除了模板代码块外的所有代码都引入当前的 WXML 文件中，相当于是将目标文件复制到了 include 的位置。include 引入模板的示例代码如例 5.17 所示。

【例 5.17】include 引入模板。

```
// index.wxml
<include src="./temp.wxml"></include>
<template is="tempCode"></template>

// temp.wxml
<view>Hello,World!!</view>
<template name="tempCode">
    <view>hello world</view>
</template>
```

上面代码在小程序模拟器中渲染后的效果如图 5.17 所示。

在 index.wxml 文件内使用 include 引入同级目录下的 temp.wxml 文件，然后又引用了名为 tempCode 的 template 模板，但是在小程序渲染后可以看到，index.wxml 文件中并没有成功引入名为 tempCode 的 template 模板内容。这就表明，

图 5.17　include 引入模板的页面效果

include 可以将模板文件中除了<template> 外的其他代码引入，相当于是拷贝了目标文件。这里还需要注意的是，include 也不能引入<wxs>定义的代码。

5.6 事件处理

事件处理

5.6.1 什么是事件

在很多应用场景下，都需要用户与 UI 界面的程序进行交互，例如用户点击界面上某个按钮，然后将对应的处理效果展示给用户。这种程序上的行为反馈不一定是用户主动触发的，也可能是在某个时机自动触发的，例如退出当前页面时、暂停播放背景音乐时等。这种由程序自动触发的反馈也应该通知开发者，然后由开发者做出相应的业务逻辑处理。

简单来说，小程序中的事件就是视图层到逻辑层的通信方式，它可以将用户的行为反馈到逻辑层进行处理。事件需要绑定在组件上，当组件上的事件被触发时，就会执行逻辑层中对应的事件处理函数。在处理事件时，事件对象可以携带额外的参数信息，例如 id、dataset、touches 等。

使用组件的 bind*属性，为其绑定一个事件处理函数，示例代码如例 5.18 所示。

【例 5.18】在组件上绑定事件处理函数。

```
// index.wxml
<view id="tapTest" data-hi="Weixin" bindtap="tapName"> 点击这里 </view>
```

当用户点击该组件时，就会在该页面对应的 Page 中找到相应的事件处理函数，示例代码如例 5.19 所示。

< 66 >

【例 5.19】定义事件处理函数。

```
// index.js
Page({
  tapName: function(event){
    console.log(event)
  }
})
```

tapName 函数的参数 event 就是事件对象，event 在控制台输出的结果如例 5.20 所示。

【例 5.20】event 事件对象的输出结果。

```
{
  "type":"tap",
  "timeStamp":895,
  "target": {
    "id": "tapTest",
    "dataset": {
      "hi":"Weixin"
    }
  },
  "currentTarget": {
    "id": "tapTest",
    "dataset": {
      "hi":"Weixin"
    }
  },
  "detail": {
    "x":53,
    "y":14
  },
  "touches":[{
    "identifier":0,
    "pageX":53,
    "pageY":14,
    "clientX":53,
    "clientY":14
  }],
  "changedTouches":[{
    "identifier":0,
    "pageX":53,
    "pageY":14,
    "clientX":53,
    "clientY":14
  }]
}
```

5.6.2　事件类型和事件对象

　　小程序的事件一般是由用户在渲染层的行为反馈，以及组件的内部状态反馈这两种情况所引起的。由于不同组件的状态并不一致，此处不讨论组件相关的事件，组件相关的事件会在后面章节的小程序核心组件中做介绍。本小节以用户的行为反馈事件展开讲解，常见的用户行为反馈事件类型及触发条件如表 5.2 所示。

< 67 >

表 5.2　常见的用户行为反馈事件类型及触发条件

类型	触发条件
touchstart	手指触摸动作开始
touchmove	手指触摸后移动
touchcancel	手指触摸动作被打断，如来电提醒、弹窗
touchend	手指触摸动作结束
tap	手指触摸后马上离开
longpress	手指触摸超过 350ms 后离开，与 tap 事件互斥
longtap	手指触摸后，超过 350ms 再离开
transitionend	在 WXSS transition 或 wx.createAnimation 动画结束后触发
animationstart	在一个 WXSS animation 动画开始时触发
animationiteration	在一个 WXSS animation 一次迭代结束时触发
animationend	在一个 WXSS animation 动画完成时触发

事件对象属性及相关说明如表 5.3 所示。

表 5.3　事件对象属性及相关说明

属性名	类型	说明
type	String	事件类型
timeStamp	Integer	页面打开到触发事件所经过的毫秒数
target	Object	触发事件组件的一些属性值集合
currentTarget	Object	当前组件的一些属性值集合
detail	Object	额外的信息
touches	Array	触摸事件，当前停留在屏幕中的触摸点信息的数组
changedTouches	Array	触摸事件，当前变化的触摸点信息的数组

这里需要注意的是 target 和 currentTarget 的区别，currentTarget 为当前事件所绑定的组件，而 target 则是触发该事件的源头组件。

5.6.3　事件绑定与冒泡捕获

小程序的事件分为冒泡事件和非冒泡事件，冒泡事件是指当一个组件的事件被触发后，该事件会向父节点继续传递；非冒泡事件是指当一个组件的事件被触发后，该事件不会向父节点传递。

表 5.2 中的用户行为事件都属于冒泡事件；除了表 5.2 所列的事件之外，其他组件自定义事件如无特殊声明都属于非冒泡事件，例如 form 组件的 submit 事件、input 组件的 input 事件等。

开发者可以使用 bindtap 来绑定一个点击事件，如例 5.21 所示。

【例 5.21】bindtap 绑定事件。

```
// index.wxml
<view bindtap="handleTap">
    Click here!
</view>
```

如果用户点击 Click here!，则页面的 handleTap 会被调用。事件绑定函数可以是一个数据绑定，如例 5.22 所示。

< 68 >

【例 5.22】事件函数的数据绑定。

```
// index.wxml
<view bindtap="{{ handlerName }}">
    Click here!
</view>
```

此时，页面的 this.data.handlerName 必须是一个字符串，用于指定事件处理函数名；如果它是一个空字符串，则这个绑定会失效。利用这个特性可以暂时禁用一些事件。

除 bind 外，也可以用 catch 来绑定事件。与 bind 不同，catch 会阻止事件向上冒泡。绑定并阻止事件冒泡代码如例 5.23 所示。

【例 5.23】绑定并阻止事件冒泡。

```
// index.wxml
<view id="outer" bindtap="handleTap1">
  outer view
  <view id="middle" catchtap="handleTap2">
   middle view
   <view id="inner" bindtap="handleTap3">
     inner view
   </view>
  </view>
</view>
```

在上面的例子中，点击 inner view 会先后调用 handleTap3 和 handleTap2。因为 tap 事件会冒泡到 middle view，而 middle view 阻止了 tap 事件冒泡，不再向父节点传递。点击 middle view 会触发 handleTap2，点击 outer view 会触发 handleTap1。

自基础库版本 1.5.0 起，触摸类事件支持捕获阶段。捕获阶段位于冒泡阶段之前，且在捕获阶段中，事件到达节点的顺序与冒泡阶段恰好相反，是由外向内进行捕获的。需要在捕获阶段监听事件时，可以采用 capture-bind、capture-catch 关键字，后者将中断捕获阶段和取消冒泡阶段。事件的捕获代码如例 5.24 所示。

【例 5.24】事件的捕获。

```
// index.wxml
<view id="outer"
      bind:touchstart="handleTap1"
      capture-bind:touchstart="handleTap2">
  outer view
  <view id="inner"
      bind:touchstart="handleTap3"
      capture-bind:touchstart="handleTap4">
   inner view
  </view>
</view>
```

在上面的代码中，点击 inner view 会先后调用 handleTap2、handleTap4、handleTap3、handleTap1。如果将上面代码中的第一个 capture-bind 改为 capture-catch，将只触发 handleTap2。capture-catch 的使用代码如例 5.25 所示。

【例 5.25】capture-catch 的使用。

```
// index.wxml
<view id="outer" bind:touchstart="handleTap1"
capture-catch:touchstart="handleTap2">
```

< 69 >

```
outer view
  <view id="inner" bind:touchstart="handleTap3"
capture-bind:touchstart="handleTap4">
    inner view
  </view>
</view>
```

5.7 本章小结

　　本章主要介绍了小程序的 WXML 语法以及数据绑定、条件渲染、列表渲染、模板与引用等相关的概念，本章最后又对小程序的事件处理做了详细的介绍。通过对本章的学习，读者可以掌握小程序页面的动态渲染和事件处理，这些内容也是完成小程序学习过程中非常重要的部分。读者只有熟练使用 WXML 的语法，才能够设计出更加复杂的页面。

5.8 习题

1．填空题

（1）小程序的 WXML 文件通过＿＿＿＿＿语法来实现数据绑定。

（2）小程序标记上实现逻辑判断的属性有＿＿＿＿＿、＿＿＿＿＿和＿＿＿＿＿。

（3）WXML 提供了两种文件引用方式：＿＿＿＿＿和＿＿＿＿＿。

2．选择题

下列可以阻止事件向上冒泡的是（　　　）。

　　A．tap　　　　　　B．catch　　　　　　C．bind　　　　　　D．event

< 70 >

第 **6** 章　WXSS 样式处理

本章学习目标

- 掌握 WXSS 的特性。
- 理解 rpx 单位的概念。
- 掌握小程序内联样式的使用。
- 掌握 WXSS 的布局。

有过 Web 开发经验的开发者应该都了解 CSS（Cascading Style Sheets）是一种用于描述 HTML 或 XML 文档呈现样式的样式表语言。而 WXSS（WeiXin Style Sheets）是一套样式语言，它用于描述 WXML 的组件样式，也决定了小程序页面的各个页元素在视觉上的展示效果。为了契合小程序框架的开发，WXSS 对 CSS 做了部分的修改和补充。

6.1　尺寸单位

尺寸单位

WXSS 是基于 CSS 拓展出的样式语言。WXSS 具有 CSS 大部分特性，但是又在 CSS 的基础上做了很大的改进，例如 WXSS 扩展了尺寸单位、样式导入等新特性。目前，WXSS 到底具备 CSS 的哪些特性，WXSS 官方文档还没有给出详细的说明，这就意味着开发者在项目开发中不能随意使用 CSS 属性。对于 iOS 和 Android 真机调试时，开发者还是要注意兼容的问题，例如尺寸单位的兼容问题。

CSS 中原有的尺寸单位在不同的屏幕中不能完美地实现等比例缩放，WXSS 在 CSS 的基础上扩展了两个尺寸单位，分别是 rpx 和 rem。这两种单位都是相对尺寸单位，最终都会被换算成 px。小程序中使用 rpx 和 rem 布局页面，可以让页面在不同尺寸的屏幕中实现等比例缩放。

6.1.1　rpx

rpx 单位在渲染过程中可以根据屏幕宽度进行自适应，会将 rpx 按比例换算成 px，WXSS 规定屏幕宽度为 750rpx。例如在 iPhone 6 中，屏幕宽度为 375px，共有 750 个物理像素，换算成 rpx 就是 750rpx=375px，由此可以得出，在 iPhone 6 中 1rpx=0.5px=1 物理像素。

不同尺寸设备的 rpx 与 px 换算关系如表 6.1 所示。

表 6.1　rpx 与 px 单位换算关系

设备	rpx 换算 px（屏幕宽度/750）	px 换算 rpx（750/屏幕宽度）
iPhone 5	1rpx≈0.42px	1px≈2.34rpx
iPhone 6	1rpx=0.5px	1px=2rpx
iPhone 6 Plus	1rpx=0.552px	1px≈1.81rpx

　　iPhone 6 符合大部分手机的屏幕尺寸比例，所以在开发微信小程序时，设计师一般会按照 iPhone 6 的尺寸大小作为 UI 设计稿的标准。

6.1.2　rem

　　rem（root em）单位与 rpx 的用法类似，WXSS 规定屏幕宽度为 20rem。以 iPhone 6 为例，iPhone 6 的屏幕宽度为 375px，换算成 rem 就是 20rem=375px，由此得出，在 iPhone 6 中 1rem=18.75px。以常规设备为例，rem 与 px 单位换算关系如表 6.2 所示。

表 6.2　rem 与 px 单位换算关系

设备	rem 换算 px（屏幕宽度/20）	px 换算 rem（20/屏幕宽度）
iPhone 5	1rem=15.75px	1px≈0.0635rem
iPhone 6	1rem=18.75px	1px≈0.053rem
iPhone 6 Plus	1rem=20.7px	1px≈0.048rem

　　与 rpx 一样，在界面设计时如果要实现尺寸自适应，可以用 iPhone 6 作为设计稿标准。由于 rpx 和 rem 最终要被换算成 px，所以在某些场景下可能会存在除不尽的情况，这就导致界面中产生毛刺效果。这一点也是开发者需要注意的地方，开发时开发者应进行多次测量，避免出现毛刺的效果。

6.2　选择器

　　CSS 选择器用于选择需要添加样式的页面元素，WXSS 对 CSS 选择器属性也做了部分兼容。在 WXSS 中实现了 CSS 的部分选择器，其规则也与 CSS 的规则一样，开发者如果对 CSS 比较熟悉可以快速掌握 WXSS 选择器的使用。

　　WXSS 支持的选择器如表 6.3 所示。

表 6.3　WXSS 支持的选择器

选择器	样例	描述
.class	.content	选择所有拥有 class="content" 的组件
#id	#demo	选择拥有 id="demo" 的组件
element	view	选择所有 view 组件
element, element	view, checkbox	选择所有文档的 view 和 checkbox 组件
::after	view::after	在 view 组件后边插入内容
::before	view::before	在 view 组件前边插入内容

　　WXSS 和 CSS 的代码结构是一样的，具体语法如例 6.1 所示。

　　【例 6.1】WXSS 代码结构。

```
选择器 {
    样式属性：属性值;
    样式属性：属性值;
}
```

　　在小程序页面中，每个页面的文件夹下都包含 index.wxml 页面文件和 index.wxss 样式文件，

< 72 >

index.wxss 用于修饰 index.wxml 组件样式。首页样式示例代码如例 6.2 所示。

【例 6.2】首页样式。

```
// index.wxml
<view class="body">
    <view class="title">标题</view>
    <view class="line-item">第 1 行内容; </view>
    <view class="line-item">第 2 行内容; </view>
</view>

// index.wxss
.body {
  border: 1px solid #000;
  height: 30%;
  text-align: center;
}
.title {
  font-size: 40rpx;
  font-weight: 600;
}
.line-item {
  font-size: 30rpx;
  line-height: 80rpx;
}
```

上面代码运行的效果如图 6.1 所示。

样式引入

6.3　样式导入

6.3.1　内联样式

图 6.1　小程序首页样式效果

小程序页面的样式除了可以写在 WXSS 样式文件中，也可以像 HTML 一样将样式代码写在当前的页面文件中，在页面文件中使用标记上的 style 属性控制样式。在小程序中，每个组件上都有一个 style 的公共属性，用于设置组件的样式。组件上的 style 属性定义的样式会在小程序运行时被解析。如果是非必要的情况，不建议直接将样式定义在组件的 style 属性中，否则会影响页面渲染速度。

小程序使用内联样式的代码如例 6.3 所示。

【例 6.3】小程序使用内联样式。

```
// index.wxml
<view class="body">
    <view class="title">标题</view>
    <view class="line-item">第 1 行内容; </view>
    <view class="line-item">第 2 行内容; </view>
    <view style="font-size: 30rpx;font-weight: bold;">第 3 行内容; </view>
</view>

// index.wxss
.body {
  border: 1px solid #000;
```

< 73 >

```
  height: 30%;
  text-align: center;
}
.title {
  font-size: 40rpx;
  font-weight: 600;
}
.line-item {
  font-size: 30rpx;
  line-height: 80rpx;
}
```

上面代码运行后的效果如图 6.2 所示。

在小程序的组件上使用 class 属性，并且在 index.wxss 中定义样式属性，这种方式也是属于内联样式的编写方式。

6.3.2 外联样式导入

在实际项目开发中，为了方便统一管理样式属性，开发者可以将 WXSS 文件按照不同的模块拆分成多个样式文件，以及封装公共的样式文件来减少代码的冗余。这种样式模块化的操作就需要使用到@import 样式导入语句，具体语法如例 6.4 所示。

图 6.2　小程序内联样式显示效果

【例 6.4】导入样式文件。

```
// index.wxss
@import "./base.wxss";
.body {
  border: 1px solid #000;
  height: 30%;
  text-align: center;
}
```

在 index.wxss 文件中导入当前目录下的 base.wxss 样式文件，小程序运行时会同时在当前页面解析 index.wxss 和 base.wxss 两个文件中的样式效果，但是开发者在使用样式导入时，应尽量避免多个文件中出现同名选择器的情况。

6.4 布局

布局

WXSS 实现了 CSS 布局的大部分规范，但是在细节上还是有些变化，这样就导致相同的样式设置在小程序中的界面展示效果上存在一定的差距。本节主要讲述关于 CSS 布局的一些基础知识，例如盒子模型、浮动、定位、Flex 布局等，这些基础知识在 WXSS 中也是通用的。在小程序中编写 WXSS 样式代码时，要打开"开启上传代码时样式文件自动补全"功能，否则会出现 Flex 布局在不同终端设备上的兼容性问题。

6.4.1 盒子模型

在传统的 Web 页面开发中，HTML 中的所有元素都可以想象成盒子，一个 HTML 的元素就是一

< 74 >

个盒子。在小程序的界面中，一个组件就是一个盒子。盒子模型是 CSS 布局的基础，每个盒子都是由内容（content）、内边距（padding）、边框（border）、外边距（margin）这 4 个部分组成的。这些盒子模型看起来像矩形框，矩形框中的所有项默认宽度均为 0，盒子模型效果如图 6.3 所示。

在盒子模型中，元素的宽度、高度就是内容区域的宽度和高度，内容区域不包括内边距、边框和外边距。开发时通常会使用 width、height 两个属性来控制盒子的宽和高，然后用 padding、border、margin 3 个属性来分别控制盒子的内边距、边框和外边距。

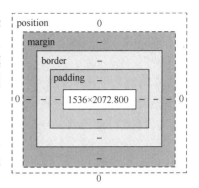

图6.3　盒子模型

在使用盒子模型时，还要考虑到兼容性的问题。盒子模型根据浏览器具体实现可分为 W3C 的标准盒子模型和 IE 盒子模型，这两种盒子模型在宽度和高度的计算上不一致。IE 盒子模型的宽度和高度是包含内边距和边框的，这里讲述的主要是 W3C 的盒子模型，WXSS 完全遵守 W3C 盒子模型规范。

CSS 中的布局都是基于盒子模型，不同类型元素对盒子模型的处理也是不同的，块级元素的处理就与行内元素不同，浮动元素与定位元素的处理也是不相同的。

6.4.2　浮动和定位

了解过盒子模型后，基本可以理解布局的基本思路，即把页面视为一个大的盒子，然后在大盒子中按照不同的方式"摆放"大小各异的盒子。在"摆放"盒子的过程中，免不了要使用浮动和定位。浮动是让元素脱离正常的文档流；定位则是允许开发者定义元素相对于其正常位置应该出现在哪里。定位的参照物可以是相对于父元素，也可以是相对于浏览器窗口本身的位置。浮动和定位也是页面设计中常用的布局方案。

浮动不完全是定位，同时它也不是正常流布局。通过设置 float 属性，浮动框可以向左或者向右移动，直到其外边缘碰到父元素边框或浮动框的边框为止。浮动框不在正常文档流中，所以其表现与普通文档流中的表现不一样，其他内容会环绕在浮动框的周围，效果如图 6.4 所示。

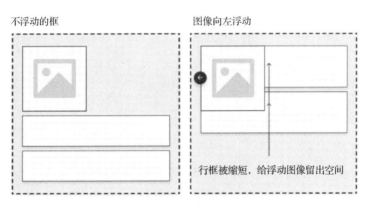

不浮动的框　　　　　　　　　图像向左浮动

行框被缩短，给浮动图像留出空间

图6.4　浮动示例

在小程序首页的 index.wxml 中编写如例 6.5 所示的代码。

【例 6.5】index.wxml 的代码。

```
<view>
    文本文本文本文本文本文本文本文本文本文本文本文本文本
    <view class="flex-demo">浮动框</view>
```

< 75 >

文本文本文本文本文本文本文本文本文本文本文本文本文本文本

文本文本文本文本文本文本文本文本文本文本文本文本文本文本

```
</view>
```

运行例 6.5 的代码后效果如图 6.5 所示。

然后为 index.wxml 中的"浮动框"区域添加浮动代码，如例 6.6 所示。

【例 6.6】index.wxss 的代码。

```
.flex-demo {
  float: left;
  border: 1px solid;
  margin: 20px;
}
```

上面代码运行后的效果如图 6.6 所示。

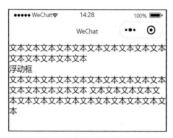

图6.5　首页界面效果

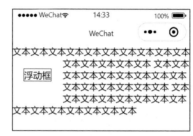

图6.6　浮动效果

在上面代码示例中，浮动区域在它当前的位置往左浮动，直至父元素内容框，其他文本都会环绕而过。元素浮动时不在正常的文档流中会导致父元素忽略浮动元素高度而形成塌陷，其代码如例 6.7 所示。

【例 6.7】父元素高度塌陷示例代码。

```
// index.wxml
<view class="body">
    <view>其他元素</view>
    <view class="flex-demo">浮动框</view>
</view>

// index.wxss
.body {
  border: 1px solid;
}
.flex-demo {
  float: left;
}
```

设置".flex-demo"元素浮动前的效果如图 6.7 所示，设置浮动后的效果如图 6.8 所示。

图6.7　设置浮动前

图6.8　设置浮动后

< 76 >

在例6.7中设置浮动后，父元素的边框并没有包裹浮动框，这并不是一个bug，而是浮动的一种特性。但是在某些情况下仍然希望使用浮动的同时，父级元素的高度可以包裹浮动元素，这时就需要使用浮动的另外一个属性——clear（清除）属性。当设置元素的clear属性时，可以确保当前元素的左边、右边或左右两边都不出现浮动元素。

清除浮动的代码如例6.8所示。

【例6.8】清除浮动代码。

```
// index.wxml
<view class="body">
    <view>其他元素</view>
    <view class="flex-demo">浮动框</view>
    <view class="clear-demo">Hello World!</view>
</view>

// index.wxss
.body {
  border: 1px solid;
}
.flex-demo {
  float: left;
}
.clear-demo {
  clear: both;
}
```

清除浮动前的效果如图6.9所示，清除浮动后的效果如图6.10所示。

图6.9　清除浮动前

图6.10　清除浮动后

在实际项目开发中，为了复用性和便捷性，通常会使用".clearfix"类清除浮动，示例代码如例6.9所示。

【例6.9】清除浮动。

```
// index.wxml
<view class="body clearfix">
    <view>其他元素</view>
    <view class="flex-demo">浮动框</view>
</view>

// index.wxss
.body {
  border: 1px solid;
}
.flex-demo {
  float: left;
}
.clearfix: after {
  display: block;
```

< 77 >

```
height: 0;
clear: both;
content: '';
}
```

在例 6.9 中，".clearfix" 类中一定要设置 content 属性，否则元素不会显示。

6.4.3　Flex 布局

传统布局解决方案中的浮动定位是基于盒子模型的，这种方案有很多的弊端，例如在做垂直居中处理时就显得非常不方便。W3C 于 2009 年提出了一种新的解决方案，即 Flex 布局，也叫 Flexible Box（弹性盒子）。这种布局方案可以简单、快速地实现各种伸缩性的布局设计，在很大程度上提高了布局的灵活性。目前主流浏览器都支持 Flex 布局，小程序的 WXSS 也对这种布局进行了实现。

Flex 布局主要由容器和项目构成，采用 Flex 布局的元素称为 Flex 容器（flex container）；它的所有直接子元素自动成为容器成员，它们称为 Flex 项目（flex item）。开发者可以设置 display:flex 或 display:inline-flex 将任何一个元素指定为 Flex 布局，如图 6.11 所示。

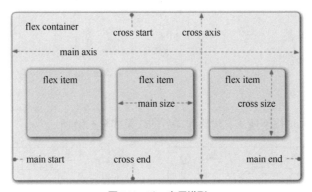

图 6.11　Flex 布局模型

容器默认存在两根轴，水平的主轴（main axis）和垂直的交叉轴（cross axis），主轴开始的位置（及主轴与边框的交叉点）称为 main start，结束的位置称为 main end，main start 和 main end 与主轴的方向有关；交叉轴开始的位置称为 cross start，结束的位置称为 cross end，cross start 和 cross end 与交叉轴方向有关。项目默认沿主轴从主轴开始的位置到主轴结束的位置进行排列，项目在主轴上占据的空间称为 main size，项目在交叉轴上占据的空间称为 cross size。

容器支持的属性有以下几个。
- display：通过设置 display 属性，指定元素是否为 Flex 布局。
- flex-direction：指定主轴方向，它决定了项目的排列方式。
- flex-wrap：排列换行设置。
- flex-flow：flex-direction 和 flex-wrap 的简写形式。
- justify-content：定义项目在主轴上的对齐方式。
- align-items：定义项目在交叉轴上的对齐方式。
- align-content：定义多根轴线的对齐方式。如果只有一根轴线，该属性不起作用。

项目支持的属性有以下几个。
- order：定义项目的排序顺序，数值越小排列越靠前。
- flex-grow：定义项目的放大比例。
- flex-shrink：定义项目的缩小比例。

< 78 >

- flex-basis：定义在分配多余空间之前，项目占据的主轴空间（main size）。
- flex：flex-grow、flex-shrink 和 flex-basis 的简写。
- align-self：用来设置单独的伸缩项目在交叉轴上的对齐方式，其可覆盖默认的 algin-items 属性。

布局是构建小程序界面的基础。设计界面布局时如果属性设置有误，会出现界面混乱的情况，所以开发者在布局时需要根据需求选用合适的定位方式。如果布局中使用到了浮动，还需要考虑浮动和文档流的关系，在合适的位置一定要清除浮动。

6.5　本章小结

本章主要讲解小程序的 WXSS 相关特性。WXSS 对 CSS 的部分特性做了修改和补充，例如在 WXSS 中为了适配不同尺寸的屏幕使用了 rpx 单位，并在 WXSS 中还可以使用@import 语句导入其他样式文件，从而实现样式的模块化，减少代码冗余。WXSS 也支持部分 CSS 的布局属性，并且对 CSS 的盒子模型、浮动定位、Flex 布局等做了简单介绍。

6.6　习题

1．填空题

（1）小程序的 WXSS 中拓展了＿＿＿＿＿＿＿尺寸单位。

（2）在小程序中可以同时使用＿＿＿＿＿＿、＿＿＿＿＿＿和＿＿＿＿＿＿3 种单位。

（3）小程序中使用＿＿＿＿＿＿＿语句引入其他样式文件。

2．选择题

（1）下列属性可以清除浮动的是（　　　）。

　　A．both　　　　　　B．clear　　　　　　C．outline　　　　　D．border

（2）下列不属于 Flex 容器属性的是（　　　）。

　　A．display　　　　　B．align-items　　　　C．flex-flow　　　　D．flex-shrink

< 79 >

第 **7** 章 WXS 语法

本章学习目标
- 理解 WXS 与 JavaScript 的区别。
- 掌握 WXS 的基础语法。

WXS 是微信小程序的一套脚本语言，其特性包括模块、变量、注释、运算符、语句、数据类型、基础类库等。本章主要介绍 WXS 语言的特性与基本用法，以及 WXS 与 JavaScript 之间的不同之处。

7.1 WXS 介绍

在微信小程序中，除了逻辑层使用的 JavaScript 脚本语言之外，微信小程序还有一套自己的脚本语言 WXS（全称 WeiXin Script）。在实际项目开发中，WXS 通常被用来做页面数据的过滤或者是使用 WXS 进行数据的计算处理，然后结合 WXML 组件，可以构建小程序的页面结构。

在小程序页面中，WXS 的用法有点类似 HTML 中的<script>标记，但是 WXS 与 JavaScript 又是两种不同的脚本语言。WXS 有自己的语法，但在某些语法方面又与 JavaScript 极其相似，所以很容易让开发者误认为 WXS 就是微信小程序中的 JavaScript 脚本。

7.2 基础语法

基础语法

7.2.1 WXS 模块

WXS 模块可以通过 WXML 文件中的<wxs>标记进行声明，或者是在 WXML 文件内引入后缀名为.wxs 的文件。每一个.wxs 后缀名的文件和<wxs>标记都是一个单独的模块，而且每个模块都有自己独立的作用域；开发者在模块中声明的变量和函数都是私有的，其他模块对该模块内的变量和函数是不可见的。如果要想把一个模块中的私有变量和私有函数对外暴露，需要使用 module.exports 语句实现。

WXML 文件提供的<wxs>标记上有两个属性，它们分别是 module 和 src。其中，module属性的值是字符串类型的，用来表示当前<wxs>标记的模块名；该属性是一个必填项，在其他模块中也是通过模块名称来引入该模块中的私有属性和函数的。在单独的 WXML 文件中，<wxs>的module属性值都是唯一的，如果有重复模块名称，则按照定义的先后顺序进行引用，即后者会覆盖前者。在不同文件之间的 WXS 模块名不会相互覆盖，互不影响。

<wxs>标记 module 属性值的命名必须遵守以下两个规范。
- 模块名称只能由大小写字母、数字、下画线组成。

- 模块名的首字符必须为大小写字母或下画线，不能为数字。

module 属性值就是当前模块的模块名称，其命名规范与常见的编程语言中标识符命名规则相似。在 WXML 文件中直接使用<wxs>标记定义模块的代码如例 7.1 所示。

【例 7.1】定义 WXS 模块。

```
// index.wxml
<wxs module="data">
    var str="hello world";
    module.exports={
        msg: str
    }
</wxs>
<view>data 模块的值: {{ data.msg }}</view>
```

上面代码运行后的效果如图 7.1 所示。

在例 7.1 中声明了一个名称为 data 的模块，将 str 字符串变量值赋予 data 模块中的 msg 属性，并向外暴露，在当前页面可以使用 data.msg 获取模块中定义的值。

图 7.1　WXS 模块输出效果

<wxs>标记上还有一个 src 属性，其值也是字符串类型，用于表示引入的.wxs 文件的相对路径，并且该属性值只有在当前的<wxs>标记为单闭合标记或者标记的内容为空时有效。使用 src 属性引入其他.wxs 文件时，需要注意以下几点。

- 只用于引入.wxs 文件模块，且必须使用相对路径。
- WXS 模块均为单例。当 WXS 模块在第一次被引用时，会自动初始化为单例对象。如果在多个页面或多个地方被多次引用时，使用的都是同一个 WXS 模块对象。
- 如果一个 WXS 模块在定义后一直没有被引用，则该模块不会被解析与运行。

图 7.2　选择"新建文件"命令

在微信开发者工具中的 index 页面文件夹上单击鼠标右键，在弹出的快捷菜单中选择"新建文件"命令，如图 7.2 所示。

将新建文件命名为 tool.wxs，该文件就是一个独立的 WXS 模块文件，开发者在该文件中可以直接编写 WXS 脚本，其代码如例 7.2 所示。

【例 7.2】WXS 脚本文件代码。

```
// tool.wxs
var str="hello world from tool.wxs";
var sum=function(a,b){
    return a+b
}
module.exports={
    msg: str,
    sum: sum
}
```

上面例子中的.wxs 文件可以被其他的 WXML 文件或.wxs 文件引用，如果在 WXML 文件中被引用，其代码如例 7.3 所示。

【例 7.3】WXML 中引入.wxs 文件。

```
// index.wxs
```

< 81 >

```
<wxs src="./tool.wxs" module="data" />
<view>data 模块的值：{{ data.msg }}</view>
<view>求和：1+2={{ data.sum(1,2) }}</view>
```

上面代码运行后的效果如图 7.3 所示。

.wxs 文件还可以被其他的.wxs 文件引用，引用时需要使用 require 函数。.wxs 文件引入其他 WXS 模块的代码如例 7.4 所示。

【例 7.4】.wxs 文件引入其他 WXS 模块。

图 7.3　WXML 中引入.wxs 文件的运行效果

```
// tools.wxs
var foo="'hello world' from tools.wxs";
var bar=function(d){
  return d;
}
module.exports={
  FOO: foo,
  bar: bar,
};
module.exports.msg="some msg";

// logic.wxs
var tools=require("./tools.wxs");
console.log(tools.FOO);
console.log(tools.bar("logic.wxs"));
console.log(tools.msg);

<!-- /page/index/index.wxml -->
<wxs src="./../logic.wxs" module="logic" />
```

上面代码运行后，控制台输出效果如下。

```
'hello world' from tools.wxs
logic.wxs
some msg
```

使用 WXS 模块时需要注意以下几点。

- WXS 模块只能在定义模块的 WXML 文件中被访问到。使用<include>或<import>时，WXS 模块不会被引入对应的 WXML 文件中。
- <template>标记中，只能使用定义该<template>的 WXML 文件中定义的 WXS 模块。

7.2.2　变量

WXS 脚本的语法与 JavaScript 的语法非常相似，但是二者又有着自己独特的语法规则，例如在 WXS 脚本中声明变量必须使用 var 语句，不能使用 const、let 这些语句，这点与 JavaScript 是不同的。WXS 中的变量均为值的引用，没有声明的变量直接赋值使用会被定义为全局变量。如果只声明变量而不赋值，该变量会被默认赋值为 undefined。WXS 脚本声明变量的示例代码如例 7.5 所示。

【例 7.5】WXS 脚本声明变量。

```
var foo=1;
var bar="hello world";
var i; // i===undefined
```

< 82 >

上面几行代码分别声明了 foo、bar、i 3 个变量，然后将 foo 赋值为数值 1，将 bar 赋值为字符串"hello world"。WXS 脚本中的变量名可以称为标识符，变量命名时需要遵循以下规则。

- 变量名只能由大小写英文字母、数字、下画线组成。
- 首字符必须是大小写英文字母或下画线，不能为数字。
- 变量名不能使用 WXS 脚本保留的关键字。

WXS 脚本保留的关键字为 delete、void、typeof、null、undefined、NaN、Infinity、var、if、else、true、false、require、this、function、arguments、return、for、while、do、break、continue、switch、case、default 等标识符。

7.2.3　注释

WXS 脚本中的注释与 JavaScript 中的注释一样，有两种常见的注释方法，分别是单行注释和多行注释。WXS 脚本注释代码如例 7.6 所示。

【例 7.6】WXS 脚本注释。

```
<wxs module="sample">
// 方法一：单行注释

/*
方法二：多行注释
*/
</wxs>
```

WXS 脚本中还有一种独特的注释方法，即结尾注释。直接在要注释的代码前面使用/*的方式将代码注释，则从/*开始往后所有的 WXS 代码都会被注释，其代码如例 7.7 所示。

【例 7.7】结尾注释。

```
<wxs module="sample">

/*
方法三：结尾注释。即从/*开始往后的所有 wxs 代码均被注释
var a=1;
var b=2;
var c="fake";

</wxs>
```

在上面的例子中，/*后面所有的 WXS 代码均被注释。

7.2.4　运算符

运算符用于执行程序代码运算，它会针对一个以上的操作数来进行运算。WXS 脚本中的运算符可以分为基本运算符、一元运算符、位运算符、比较运算符、等值运算符、赋值运算符、二元逻辑运算符等几种。

基本运算符主要用于四则运算，代码如例 7.8 所示。

【例 7.8】基本运算符。

```
var a=10, b=20;

// 加法运算
console.log(30===a+b);
```

< 83 >

```
// 减法运算
console.log(-10===a-b);
// 乘法运算
console.log(200===a*b);
// 除法运算
console.log(0.5===a/b);
// 取余运算
console.log(10===a%b);
```

一元运算符主要用于变量的自增、自减等简单运算，代码如例 7.9 所示。

【例 7.9】一元运算符。

```
var a=10, b=20;

// 自增运算
console.log(10===a++);
console.log(12===++a);
// 自减运算
console.log(12===a--);
console.log(10===--a);
// 正值运算
console.log(10===+a);
// 负值运算
console.log(0-10===-a);
// 否运算
console.log(-11===~a);
// 取反运算
console.log(false===!a);
// delete 运算
console.log(true===delete a.fake);
// void 运算
console.log(undefined===void a);
// typeof 运算
console.log("number"===typeof a);
```

WXS 脚本中也可以使用二进制的位运算，代码如例 7.10 所示。

【例 7.10】位运算符。

```
var a=10, b=20;

// 左移运算
console.log(80===(a<<3));
// 带符号右移运算
console.log(2===(a>>2));
// 无符号右移运算
console.log(2===(a>>>2));
// 与运算
console.log(2===(a&3));
// 异或运算
console.log(9===(a^3));
```

< 84 >

```
// 或运算
console.log(11===(a|3));
```

比较运算也是常见的逻辑运算中的一种，代码如例 7.11 所示。

【例 7.11】比较运算符。

```
var a=10, b=20;

// 小于
console.log(true===(a<b));
// 大于
console.log(false===(a>b));
// 小于或等于
console.log(true===(a<=b));
// 大于或等于
console.log(false===(a>=b));
```

等值运算符主要是判断两个变量的值是否相等，代码如例 7.12 所示。

【例 7.12】等值运算符。

```
var a=10, b=20;

// 等号
console.log(false===(a==b));
// 非等号
console.log(true===(a!=b));
// 全等号
console.log(false===(a===b));
// 非全等号
console.log(true===(a!==b));
```

赋值运算符也是最常见的一种运算符，用于为变量赋值，代码如例 7.13 所示。

【例 7.13】赋值运算符。

```
var a=10;

a=10; a*=10;
console.log(100===a);
a=10; a/=5;
console.log(2===a);
a=10; a%=7;
console.log(3===a);
a=10; a+=5;
console.log(15===a);
a=10; a-=11;
console.log(-1===a);
a=10; a<<=10;
console.log(10240===a);
a=10; a>>=2;
console.log(2===a);
a=10; a>>>=2;
console.log(2===a);
a=10; a&=3;
console.log(2===a);
```

< 85 >

```
a=10; a^=3;
console.log(9===a);
```

二元逻辑运算符就是用于逻辑与、逻辑或的运算符，代码如例 7.14 所示。

【例 7.14】二元逻辑运算符。

```
var a=10, b=20;

// 逻辑与
console.log(20===(a&&b));
// 逻辑或
console.log(10===(a||b));
```

WXS 脚本中的运算符之间存在优先级关系，运算符的优先级决定了表达式中运算执行的先后顺序。优先级从上到下依次递减，最上面具有最高的优先级，逗号操作符具有最低的优先级。表达式的结合次序取决于表达式中各种运算符的优先级。优先级高的运算符先结合，优先级低的运算符后结合，同一行中的运算符的优先级相同。在 WXS 脚本中，括号"()"的优先级最高，逗号","的优先级最低。

7.2.5 语句

WXS 脚本中主要包含两类语句：一类是分支语句，如 if 语句、switch 语句；另一类是循环语句，如 for 语句、while 语句。

WXS 脚本中 if 语句的用法如例 7.15 所示。

【例 7.15】if 语句的用法。

```
if(表达式){
  ……// 代码块
} else if(表达式){
  ……// 代码块
} else {
  ……// 代码块
}
```

当大括号中的代码只有一行时，大括号"{}"可以省略，如例 7.16 所示。

【例 7.16】if 语句的简写方式。

```
if(表达式) 语句;
else 语句;

// 或者是

if(表达式)
  语句;
else
  语句;
```

switch 语句需要用到 case 关键字进行分支，case 关键字后面只能使用变量、数字、字符串，以上条件都不满足的使用 default 关键字分支。switch 语句的语法如例 7.17 所示。

【例 7.17】switch 语句语法。

```
switch(表达式){
```

< 86 >

```
  case 变量:
    语句;
    break;
  case 数字:
    语句;
    break;
  case 字符串:
    语句;
  default:
    语句;
}
```

　　switch 语句的用法与 if 语句的用法不同，但是都可以用于分支，其最终运行结果是类似的。if 语句的条件是表达式，而 switch 语句的条件是满足表达的值。switch 语句的示例代码如例 7.18 所示。

　　【例 7.18】switch 语句示例。

```
var week=1;

switch(week){
case 1:
  console.log("周一");
  break;
case 2:
  console.log("周二");
  break;
case 3:
  console.log("周三");
  break;
case 4:
  console.log("周四");
  break;
case 5:
  console.log("周五");
  break;
case 6:
  console.log("周六");
  break;
case 7:
  console.log("周日");
  break;
default:
  console.log("请输入正确的日期");
}
```

　　上面代码运行后，在控制台输出结果如下。

```
周一
```

　　开发者如果有过 JavaScript 语言或其他编程语言的学习经历，肯定对循环并不陌生，特别是对 for 循环。WXS 脚本的 for 循环语法与 JavaScript 语言的 for 循环语法是一样的，具体语法代码如例 7.19 所示。

< 87 >

【例 7.19】for 循环语法。

```
for(语句; 语句; 语句)
  语句;

// 或者是

for(语句; 语句; 语句){
  代码块;
}
```

for 循环的示例代码如例 7.20 所示。

【例 7.20】for 循环示例。

```
for(var i=0; i<3; ++i){
  console.log(i);
  if(i>=1)break;
}
```

上面示例代码运行后，在控制台输出的结果如下。

```
0
1
```

while 语句也是用于循环的语句。当表达式的值为 true 时，其循环执行语句或代码块；代码块中也支持 break、continue 关键词来跳过循环。其语法代码如例 7.21 所示。

【例 7.21】while 语句语法。

```
while(表达式)
  语句;

// 或者是

while(表达式){
  代码块;
}
```

另外，还可以使用 do…while 语句来执行循环，其语法如例 7.22 所示。

```
do{
  代码块;
} while(表达式)
```

在使用 while 或 do…while 语句执行循环时，一定要注意在合适的时机设置表达式的值为 false，或者是合理设置跳出循环，否则将会出现死循环的情况。如果实际开发中需要使用无限循环，可以不做跳出循环的操作。

7.3 数据类型

数据类型

WXS 脚本语言中的变量可以为多种数据类型，如数值、字符串、布尔值、对象、函数、数组等。

< 88 >

WXS 脚本语言中的数据类型分为基本数据类型和引用数据类型，基本数据类型是指简单的数据段，引用数据类型是指由多个值构成的对象。在给一个变量赋值时，解析器首先要确认这个值是基本数据类型还是引用数据类型，以此来判断该值存储的内存位置与大小。

7.3.1　基本数据类型

在 WXS 脚本语言中，基本数据类型包括 number（数值）、string（字符串）、boolean（布尔值）等。number 包括两种数值，分别是整数和小数，示例如下。

```
var a=10;
var PI=3.141592653589793;
```

number 也可以作为对象类型，其方法可以参考 ECMAScript5 标准，常见的方法有 toString()、toLocaleString()、valueOf()、toFixed()、toExponential()、toPrecision()。

WXS 中其他几种基本数据类型的属性与方法都可以参考 ES5 标准。其中，string 类型的值可以使用单引号和双引号两种写法；boolean 类型只有两个特定的值，分别是 true 和 false。

7.3.2　引用数据类型

WXS 脚本语言中的引用数据类型包括 object（对象）、function（函数）、array（数组）、date（日期）等。这些引用数据类型与基本数据类型不同的是，基本数据类型是简单的数据段，被保存在栈内存中；引用数据类型是由多个值构成的对象，被保存在堆内存中。

WXS 脚本语言与其他语言不同的是，开发者不可以直接访问堆内存空间中的位置，也不能直接操作堆内存空间，只能操作对象在栈内存中的引用地址。所以引用类型的数据在栈内存中保存的是对象在堆内存中的引用地址，通过这个引用地址可以快速查找到保存在堆内存中的对象。

（1）object

在 WXS 脚本中，object 是一种无序的键值对。如果想要定义一个 object，可以使用以下方法。

```
// 生成一个新的空对象
var o={}
//生成一个新的非空对象
o={
  str: '',
  i: 1,
  fn: function(){}
};
```

调用对象中的属性时，可以使用"对象.属性"的语法获取对应属性的值，示例代码如下。

```
// 读取对象属性
console.log(o.str)
```

（2）function

WXS 脚本语言中有 3 种函数，分别是普通函数、匿名函数和闭包函数。普通函数可以直接使用 function 关键字声明，开发者也可以将一个匿名函数赋予某个变量，示例代码如下。

```
// 普通函数
function fn(){}
// 或者是
var fn=function(){}
```

< 89 >

闭包函数就是能够读取其他函数内部变量的函数。WXS脚本语言中也可以像JavaScript语言那样使用闭包函数，示例代码如例7.22所示。

【例7.22】闭包函数的使用。

```
var a=function(x){
  return function(){
    return x;
  }
}
var b=a(100);
console.log(100===b()); // true
```

（3）array

array支持以下两种定义数组的方式。

一种是生成一个新的空数组，语法如下。

```
var a=[];
```

另一种是生成一个新的非空数组，数组中的元素可以是任意类型，语法如下。

```
var a=[1,"a",{},function(){}];
```

array对象上也定义了一系列操作数组的方法，例如数组转字符串的toString()、追加元素的push()、用于排序的sort()等方法。关于array对象的具体操作方法可以参考ES5标准。

（4）date

在WXS脚本中，开发者想要生成一个date类型的对象需要借助getDate()方法，该方法用于返回当前的日期对象。开发者也可以使用getDate()方法提供的多种重载方法生成不同格式的日期对象，其语法如下。

```
getDate()
getDate(milliseconds)
getDate(datestring)
getDate(year, month[, date[, hours[, minutes[, seconds[, milliseconds]]]]])
```

datestring是指日期字符串，格式为"month day, year hours:minutes:seconds"。其中，在上面getDate()重载方法的参数中，milliseconds是指从1970年1月1日零点开始计算到指定日期和时间之间的毫秒数。

7.3.3 正则表达式

正则表达式（Regular Expression，regex、regexp或RE）是使用单个字符串来描述、匹配一系列符合某个句法规则的字符串搜索模式，它可以用于文本搜索和文本替换等操作中。正则表达式不属于某个编程语言，而是一种由一个字符序列形成的搜索模式。正则表达式可以是一个简单的字符，或者是一个更复杂的模式，例如，开发者在文本中搜索数据时可以用搜索模式来描述要查询的内容。

在WXS脚本中，生成正则表达式对象需要使用getRegExp()方法，语法如下。

```
getRegExp(pattern[, flags])
```

getRegExp()方法的参数pattern表示正则表达式的内容；参数flags表示修饰符，该字段只能包含以下字符。

- g：表示global，执行全局匹配（查找所有匹配而非在找到第一个匹配后停止）。
- i：表示ignoreCase，执行对大小写不敏感的匹配。

< 90 >

- m：表示 multiline，执行多行匹配。

正则表达式的示例代码如例 7.23 所示。

【例 7.23】正则表达式。

```
var a=getRegExp("x", "img");
console.log("x"===a.source);              // true
console.log(true===a.global);             // true
console.log(true===a.ignoreCase);         // true
console.log(true===a.multiline);          // true
```

7.3.4　数据类型判断

在 WXS 脚本中可以借助每个对象的 constructor 属性来判断数据类型，示例代码如例 7.24 所示。

【例 7.24】使用 constructor 属性判断数据类型。

```
var number=10;
console.log( "Number"===number.constructor );        // true

var string="str";
console.log( "String"===string.constructor );        // true

var boolean=true;
console.log( "Boolean"===boolean.constructor );       // true

var object={};
console.log( "Object"===object.constructor );        // true

var func=function(){};
console.log( "Function"===func.constructor );        // true

var array=[];
console.log( "Array"===array.constructor );          // true

var date=getDate();
console.log( "Date"===date.constructor );            // true

var regexp=getRegExp();
console.log( "RegExp"===regexp.constructor );        // true
```

另外，也可以使用 typeof 来区分部分数据类型，示例代码如例 7.25 所示。

【例 7.25】使用 typeof 区分数据类型。

```
var number=10;
var boolean=true;
var object={};
var func=function(){};
var array=[];
var date=getDate();
var regexp=getRegExp();

console.log( 'number'===typeof number );       // true
console.log( 'boolean'===typeof boolean );      // true
console.log( 'object'===typeof object );       // true
console.log( 'function'===typeof func );       // true
console.log( 'object'===typeof array );        // true
```

< 91 >

```
console.log( 'object'===typeof date );        // true
console.log( 'object'===typeof regexp );      // true
console.log( 'undefined'===typeof undefined );  // true
console.log( 'object'===typeof null );        // true
```

7.4 基础类库

WXS 的数据类型一共有 8 种，这与 JavaScript 的 6 种数据类型不太一致。在 WXS 脚本语言中，数据类型包括 number、string、boolean、object、array、function、date、regexp 等。WXS 脚本中的 8 种数据类型与 JavaScript 的数据类型有所不同，例如生成 date 对象时需要使用 getDate()函数，生成 regexp 对象需要使用 getRegExp()函数，这些对象都不能使用 new 关键字直接生成。WXS 脚本基于这 8 种数据类型所派生出的 6 种基础类库分别是 console、Math、JSON、Number、Date 和 Global。

WXS 脚本语言的基础类库与 JavaScript 语言的 ES5 标准基本是一样的，区别在于 WXS 中的 console 基础类库只提供了 console.log()函数。其他的基础类库中对象的数据和函数可以参考 ES5 标准文档。

7.5 本章小结

本章主要介绍了 WXS 的一些语法特性。WXS 的语法与 JavaScript 的语法较为相似，只是对 JavaScript 脚本语言的上层做了一些封装和限制。二者相同的地方非常多，例如 if…else、switch、for 等用于分支和循环的常用语法，还包括一些基础类库。但是二者也有一些区别，例如在 WXS 模块中不支持 try…catch 语句。WXS 脚本可以方便开发者在 WXML 中快速定义私有变量和函数。开发者使用 WXS 语言时可以参考 ES5 标准，但是也要注意 WXS 语法与 JavaScript 语法的区别。

7.6 习题

1. 填空题

（1）WXS 脚本语言的全称是_____。

（2）<wxs>标签上的两个属性是_____、_____。

（3）在 WXS 脚本中可以使用_____和_____来判断数据类型。

2. 选择题

（1）下列不属于 WXS 脚本基本数据类型的是（　　）。

    A. number   B. string   C. function   D. Boolean

（2）下列不属于 WXS 脚本引用数据类型的是（　　）。

    A. function   B. object   C. date   D. null

（3）下列不属于 WXS 脚本基础类库的是（　　）。

    A. Math   B. Global   C. Function   D. Number

< 92 >

第 8 章

小程序中的 JavaScript

本章学习目标

- 理解微信小程序的运行环境。
- 理解 ECMAScript 标准的概念。
- 掌握微信小程序的生命周期函数。
- 掌握微信小程序的模块化开发。

微信小程序的业务逻辑都是通过 JavaScript 语言来实现的，本章将详细地讲解 JavaScript 的基本概念，以及在小程序中如何使用 JavaScript 语言。JavaScript 是一种轻量的、解释型的、面向对象的头等函数语言，也是一种动态的基于原型和多范式的脚本语言，支持面向对象、命令式和函数式的编程风格。

8.1 小程序的运行环境

小程序的运行环境

8.1.1 MINA 框架介绍

小程序的开发框架被称为 MINA 框架，其框架结构如图 8.1 所示。

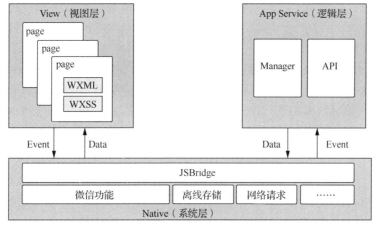

图 8.1　MINA 框架结构

通过图 8.1 的框架结构图，可以看到小程序的 MINA 框架由 3 个部分组成，分别是 View（视图层）、App Service（逻辑层）和 Native（系统层）。小程序中所有的页面都在 View（视图层）中，每个页面由 WXML 文件和 WXSS 文件来搭建页面视图的结构和展现样式。

App Service（逻辑层）是由 App Service 线程来加载、运行的，其生命周期常驻内存。App Service（逻辑层）顾名思义就是用来处理业务逻辑的，它是 MINA 框架的数据交互服务中心。逻辑层由两个部分组成，一部分是 Manager，其主要功能是负责小程序逻辑处理部分的执行；另一部分是底层提供的 WAService.js 文件，它用于封装小程序的所有 API 接口，让其他平台的运行环境能够通过封装的 API 来使用微信客户端的功能。

小程序的 MINA 框架第三部分是 Native（系统层），这一层中接入了微信客户端的原生功能。小程序的视图层和逻辑层是双向通信的，在视图层和逻辑层之间提供了数据传输和事件系统。在视图层和逻辑层通过系统层的 JSBridge 进行通信，逻辑层把数据变化通知到视图层，然后触发视图层的页面更新，然后视图层再把事件通知给逻辑层进行业务处理。

那么在小程序的视图层中，是如何把数据变化实时地展示出来的呢？

首先，WXML 其实就是一个具有元素、属性和文本的节点树结构。在节点树结构中，每一个节点都有一个上下文的关系，所以在渲染 WXML 的时候，小程序的运行环境会把 WXML 节点树转换成一个 JavaScript 对象。当逻辑层发生数据变更时，就需要通过 App Service（逻辑层）提供的 setData()方法把数据从逻辑层传递到视图层。微信客户端的 web-view 容器在渲染节点内容时，会把传递的数据进行前后的差异对比，然后通过 diff 算法进行计算，将计算后的结果应用在原来的节点树上，最后渲染出正确的 UI 界面。

学习小程序 MINA 框架的底层实现原理可以帮助读者更加清晰地了解和认识小程序开发。小程序在 MINA 框架上做了很多的优化，例如当逻辑层的 App Service 线程遇到阻塞时，UI 线程照样可以正常地处理和渲染视图，这样也就避免了跨线程通信时的内存消耗。其实，小程序对 MINA 框架优化的地方还有很多，例如在小程序启动时也做了一些优化处理，这就需要读者继续学习小程序的启动和运行机制。

8.1.2　小程序启动机制

我们在平常使用小程序的过程中肯定会遇到这种情况，就是在小程序首次打开并启动的情况下，启动过程较长；如果后续再次打开，启动的速度就会很快。那么小程序是如何启动的呢？

其实，小程序有两种启动状态：一种是热启动；另一种是冷启动。

首先需要了解热启动的概念。当用户已经打开过某个小程序后，在一定时间内再次打开该小程序，就不需要重新启动了，只需要把后台状态的小程序切换到前台状态使用即可，这个启动过程就是热启动。

小程序的冷启动是指用户首次打开的小程序或被微信主动销毁后，再次打开该小程序就需要重新启动。小程序在什么情况下会被主动销毁呢？这里有两种情况：一种情况是小程序进入后台状态之后，客户端会帮助用户在一定时间内维持小程序的启动状态，当超过一定时间之后，微信客户端会主动销毁处于后台状态的小程序，这个超时时间默认为 5min；另一种情况是当小程序在短时间内连续收到两次以上的系统报警时，微信客户端也会主动销毁正处于后台状态的小程序，每次系统报警的间隔时间默认为 5s。

在小程序冷启动时，如果发现有新的版本，就会帮助用户异步下载最新版本的代码包，并同时使用微信客户端的本地代码包进行启动。小程序异步下载最新版本的代码包需要下次重启动小程序时才能被应用到小程序中；如果想要在本次下载最新版本代码包后就应用到小程序中，需要通过小程序提供的 API 来实现。

8.1.3　小程序加载机制

在了解小程序的启动机制后，再来看一下小程序的启动流程。小程序的启动流程如图 8.2 所示。

通过图 8.2 的小程序启动流程图可以看到，在图的左侧部分是小程序启动的时候，微信客户端里的视图层和逻辑层的交互逻辑以及数据缓存的存取操作。小程序启动时会向 CDN 服务器请求最新版本的代码包。如果是第一次启动，用户要等到代码包下载完毕，并将最新代码注入 Web 容器内执行之后才能看到小程序的页面。如果遇到网络不好的情况，用户就会感觉小程序启动的时间较长；微信客户端会将代码包缓存到本地，小程序下次启动时会从 CDN 服务器上请求是否有最新版本的代码包。

< 94 >

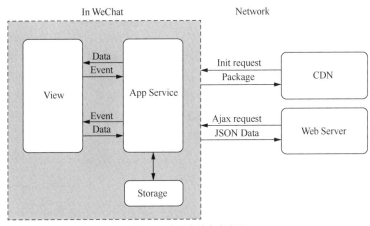

图 8.2　小程序的启动流程

CDN 是一个内容分发网络，其主要作用是帮助用户把请求的内容分发到距离用户最近的一个网络节点服务器，提高用户访问的响应速度和成功率，以此来解决网络带宽和服务器性能延迟的问题。

小程序在启动时会做一些校验，当发现有最新版本的代码包时，小程序会在运行之前已经缓存好代码包，同时异步下载最新版本的代码包，让用户在下次启动时使用最新版本的代码包。

8.1.4　小程序对 JavaScript 的支持

微信小程序的主要开发语言是 JavaScript 语言，开发者可以使用 JavaScript 语言来开发小程序的业务逻辑以及调用小程序的 API 来完成业务需求。

JavaScript 遵循 ECMAScript 标准，ECMAScript 是一种由 ECMA 国际通过 ECMA-262 标准化的脚本程序设计语言，JavaScript 是 ECMAScript 的一种实现。理解 JavaScript 是 ECMAScript 的一种实现后，可以帮助开发者理解小程序中的 JavaScript 同浏览器中的 JavaScript 以及 Node.js 中的 JavaScript 是不相同的。

遵循 ECMAScript 标准的 JavaScript 语言由以下几个部分组成。

- 基础语法。
- 数据类型。
- 语句。
- 关键字。
- 操作符。
- 对象。

浏览器中的 JavaScript 构成如图 8.3 所示。

由图 8.3 可以看出，浏览器中的 JavaScript 是由 ECMAScript、DOM（Document Object Model，文档对象模型）、BOM（Browser Object Model，浏览器对象模型）3 个部分组成的，其中 DOM 和 BOM 为 Web 前端开发者提供了操作浏览器的 API，用于修改浏览器的表现，例如修改 URL、修改页面展示和数据记录等。

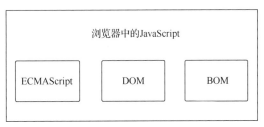

图 8.3　浏览器中的 JavaScript

Node.js 是基于 Chrome V8 引擎实现的 JavaScript 运行环境，它使用了高效、轻量的事件驱动以及

< 95 >

非阻塞的 I/O 模型。开发者通常会将 Node.js 作为一门后端语言来使用。Node.js 中的 JavaScript 构成如图 8.4 所示。

由图 8.4 可以看出，Node.js 中的 JavaScript 是由 ECMAScript、NPM 和 Native 模块组成的。其中，NPM 是 Node.js 的包管理系统，通过 NPM 可以拓展各种包来快速实现一些功能，同时通过一些 Native 原生模块来实现 Node.js 语言本身不具有的能力，例如 FS 文件操作、HTTP 请求等。

了解过浏览器的 JavaScript 和 Node.js 的 JavaScript 实现之后，再来看一下小程序的 JavaScript 实现。小程序中的 JavaScript 构成如图 8.5 所示。

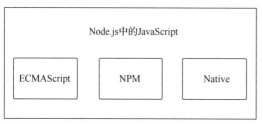

图 8.4　Node.js 中的 JavaScript　　　　　　　图 8.5　小程序中的 JavaScript

由图 8.5 可以看出，小程序中的 JavaScript 是由 ECMAScript、小程序框架、小程序封装的 API 模块组成的。与浏览器中的 JavaScript 相比，小程序中的 JavaScript 没有 BOM 和 DOM 模型对象，所以 jQuery、Zepto 等浏览器类库是无法在小程序中运行的。而且小程序中的 JavaScript 缺少 Native 原生模块和 NPM 包管理的机制，因此，在小程序中是无法加载原生库以及无法直接使用 NPM 包的。如果想要使用 NPM 包，需要通过微信开发者工具提供的"构建 npm"功能来实现。

8.1.5　小程序宿主环境差异

小程序中的 JavaScript 除了与浏览器中的 JavaScript 以及 Node.js 中的 JavaScript 实现有所不同之外，小程序中不同平台的 JavaScript 脚本运行环境也是有所不同的。小程序 JavaScript 脚本的运行环境主要包含以下 3 个平台的运行环境。

- iOS 平台上：小程序的 JavaScript 代码运行在 JavaScriptCore 中，由 WKWebView 进行渲染。
- Android 平台上：小程序的 JavaScript 代码通过 X5 内核解析，然后由 X5 内核进行渲染。
- 微信开发者工具中：小程序的 JavaScript 代码运行在 NW.js 中，由 Chrome Web 进行渲染。

微信开发者工具中的 NW.js 是基于 Chrome 和 Node.js 运行的，它又被称为 Node Webkit。其内部封装了 Webkit 的内核，提供桌面应用的运行环境，从而让浏览器中运行的网页程序也可以在桌面程序中运行。小程序宿主环境差异如图 8.6 所示。

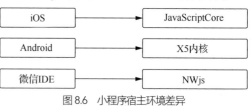

图 8.6　小程序宿主环境差异

在小程序的 3 个宿主环境（见图 8.6）中关于 ECMAScript 标准的实现是不一致的，ECMAScript 标准截至目前约有 8 个版本，在 Web 前端开发中主要使用的是 ES5 和 ES6 标准。但是在小程序中，iOS 8、iOS 9 所使用的运行环境并没有完全兼容到 ES6 标准，所以 ES6 的一部分语法和关键字在小程序中是不兼容的。这样就导致在微信开发者工具中和真机中运行时，同样的代码所呈现的效果会出现不一致的情况。针对这种问题，开发微信小程序时开发者可以使用微信开发者工具上的远程调试功能，实时查看小程序在真机上的表现。

< 96 >

8.2 生命周期

8.2.1 应用的生命周期

小程序的生命周期分为小程序应用的生命周期和小程序页面的生命周期。先看一下小程序应用的生命周期，具体如图 8.7 所示。

小程序应用的生命周期有 4 个钩子函数，它们分别是 onLaunch()、onShow()、onHide()、onError()。其具体代码实现如例 8.1 所示。

【例 8.1】小程序应用的生命周期。

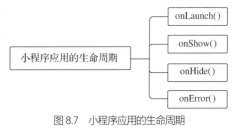

图 8.7　小程序应用的生命周期

```
// app.js
App({
  onLaunch(){},
  onShow(){},
  onHide(){},
  onError(){}
})
```

当用户第一次进入小程序的时候，微信客户端会帮助用户初始化小程序的运行环境，同时会从 CDN 服务器下载或者是从本地缓存中获取小程序的代码包，然后把代码注入运行环境中。小程序初始化完成后，微信客户端会向小程序逻辑层的 app.js 文件中的 app 实例派发 onLaunch 事件，此时就会调用 app.js 文件中的 App 构造器参数上定义的 onLaunch()钩子函数。

在进入小程序后，用户可以通过小程序界面右上角的"关闭"按钮或者是手机上的 home 键离开小程序；离开后并没有立即销毁小程序，而是进入后台状态，此时就会调用 App 构造器参数上定义的 onHide()钩子函数。当用户通过热启动再次回到小程序时，微信客户端会把后台状态的小程序唤醒，此时小程序进入前台状态，同时调用 App 构造器参数上的 onShow()钩子函数。小程序发生脚本错误时或小程序 API 调用失败时，会触发App构造器参数上的 onError()钩子函数。

8.2.2 页面的生命周期

小程序页面的生命周期如图 8.8 所示。

小程序页面的生命周期有 5 个钩子函数，它们分别是 onLoad()、onShow()、onReady()、onHide()以及 onUnload()。其具体代码实现如例 8.2 所示。

【例 8.2】小程序页面的生命周期。

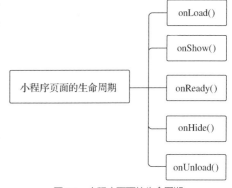

图 8.8　小程序页面的生命周期

```
// page.js
Page({
  onLoad(options){},    // 监听页面加载
  onReady(){},          // 监听页面初次渲染完成
  onShow(){},           // 监听页面显示
  onHide(){},           // 监听页面隐藏
```

< 97 >

```
    onUnload(){}                  // 监听页面卸载
})
```

当小程序页面加载时，微信客户端会向逻辑层定义的 page 实例派发一个 onLoad 事件，此时 Page 构造器参数上定义的 onLoad()钩子函数就会被调用，onLoad()方法在页面被销毁之前只会调用一次，在该方法中可以获取到当前页面被调用时的一些打开参数。

小程序页面显示之后，Page 构造器参数所定义的 onShow()钩子函数就会被调用，onShow()方法是在每次页面显示时都会被调用，页面初始化完成后也会被调用一次，当用户从别的页面返回当前页面时也会被调用。在当前页面初次渲染完成后，Page 构造器参数上定义的 onReady()钩子函数就会被调用，onReady()方法是在 onShow()方法之后被调用的，并且在当前页面被销毁之前只会调用一次。

onReady()方法被触发之后，逻辑层就开始与视图层进行交互了。用户在当前页面基础上再次打开一个新页面时，当前页面会触发 Page 构造器参数上定义的 onHide()钩子函数。关闭当前页面时，会触发 Page 构造器参数上的 onUnload()钩子函数。

小程序是由两大线程组成的，它们分别是负责页面视图的 View 线程和处理数据与服务的 App Service 线程。View 线程和 App Service 线程协同工作示意图如图 8.9 所示。

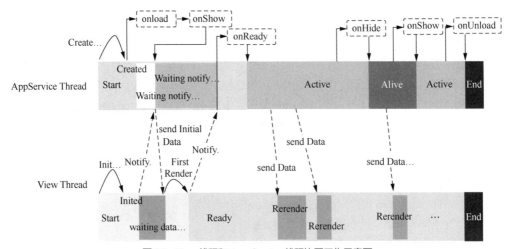

图 8.9　View 线程和 App Service 线程协同工作示意图

两大线程协同工作来完成小程序页面生命周期的调用。当小程序首次启动后，两个线程会被同时创建，当 App Service 线程创建后会依次调用 onLoad()和 onShow()方法，开发者可以在这两个方法内发送 HTTP 请求。当 View 线程初始化完毕，App Service 线程也已经初始化完毕，此时也会触发页面的首次渲染。View 线程渲染完页面后，会再次通知 App Service 线程渲染结果，同时也会触发 onReady()钩子函数的调用。onReady()钩子函数调用完毕，如果之前发送的 HTTP 请求已经拿到服务器返回的数据，那么 App Service 线程就会把服务返回的数据再次发送给 View 线程，View 线程再次渲染视图，直到当前页面销毁并触发 App Service 线程的 onUnload()钩子函数。

8.3　模块化

在小程序中可以将一些公共代码抽离成一个单独的 JavaScript 文件，一个 JavaScript 文件就是一个

< 98 >

模块，一个 JavaScript 文件中也可以有多个模块。模块可以通过 module.exports 或 exports 对外暴露接口。exports 是 module.exports 的一个引用，如果在模块中随意更改 exports 的指向会造成未知的错误，所以推荐使用 module.exports 来暴露模块接口。

　　模块对外暴露接口的代码如例 8.3 所示。

　　【例 8.3】导出模块。

```
// common.js
function sayHello(name){
  console.log('Hello ${name} !')
}
function sayGoodbye(name){
  console.log('Goodbye ${name} !')
}

module.exports.sayHello=sayHello
exports.sayGoodbye=sayGoodbye
```

　　在需要使用这些模块的文件中使用 require 将公共代码引入，实现代码如例 8.4 所示。

　　【例 8.4】导入模块。

```
var common=require('common.js')
Page({
  helloMINA: function(){
    common.sayHello('MINA')
  },
  goodbyeMINA: function(){
    common.sayGoodbye('MINA')
  }
})
```

8.4　小程序的 API

　　微信小程序封装了一些 API 模块，以方便开发者快速实现一些功能。这些 API 模块包括调用移动设备的基础能力、访问移动设备的硬件能力以及微信的开放能力。

　　小程序 API 提供的开发能力包括网络访问、存储、路由、跳转、转发、界面交互、数据缓存、系统文件访问等一系列模块。开发者可以借助这些 API 实现更多的需求开发，后续的章节中将详细介绍小程序的核心 API。

8.5　本章小结

　　本章主要介绍了微信小程序的 JavaScript 实现，以及微信小程序中的 JavaScript 与浏览器中的 JavaScript 和 Node.js 中的 JavaScript 的区别。通过对本章的学习，读者了解了微信小程序的启动和加载机制，并掌握了小程序应用和小程序页面的生命周期钩子函数。这些钩子函数在小程序项目的开发中应用非常广泛，需要初学者熟练掌握。

< 99 >

8.6 习题

1. 填空题

（1）微信小程序开发框架又被称为_____框架。

（2）微信小程序框架结构包括_____、_____、_____3 个部分。

（3）小程序中的 JavaScript 包括_____、_____、_____3 个部分。

2. 选择题

（1）下列属于微信小程序中 JavaScript 组成部分的是（　　）。

    A. ECMAScript   B. DOM   C. BOM   D. Native

（2）下列不属于小程序应用的生命周期钩子函数的是（　　）。

    A. onLaunch   B. onLoad   C. onShow   D. onHide

（3）下列不属于小程序页面的生命周期钩子函数的是（　　）。

    A. onShow   B. onHide   C. onError   D. onUnload

< 100 >

第**9**章 微信小程序核心组件

本章学习目标
- 理解微信小程序组件化概念。
- 掌握微信小程序核心组件的使用。

组件化开发并不是微信小程序所特有的，主流编程语言中都有组件化的概念。准确地讲，只要有UI视图层的展示，就必定要用到组件化。组件是UI视图层的最基本组成单元，组件中包含了一些基础功能和基础样式，一个组件就类似于一个自定义的标记。

微信小程序框架为开发者提供了一系列基础组件，开发者可以通过组合这些基础组件进行快速开发。那么基础组件肯定是要完成小程序开发的基础功能并与微信风格保持一致的样式。

9.1 视图容器组件

视图容器组件

视图容器组件主要用于控制页面的内容，开发者可以把小程序的容器组件理解为一个盒子容器，将其他组件填充在该容器组件中。小程序提供的视图容器组件主要包括以下几种。
- view：视图容器组件，它是在开发中最常用的一种容器组件。
- scroll-view：可滚动视图容器组件。
- swiper：滑块视图容器的轮播组件。
- movable-view：可移动视图容器组件。
- cover-view：覆盖在原生组件之上的文本视图组件。

小程序提供的视图容器组件除了上述一些常用组件之外，还有其他的组件，例如cover-image、match-media、page-container等。尽管每个组件的应用场景不尽相同，但是在实际开发中，最常用的只有视图容器view组件、滑块视图容器swiper组件、可滚动视图容器scroll-view组件、可移动视图容器movable-view组件、原生视图容器cover-view组件等几大视图容器组件。

9.1.1 基础视图容器组件

view组件作为小程序最基础的视图容器组件，是最经常被使用的。view组件的作用和HTML代码中<div>标记的作用相似，它们都是用于管理页面中的元素。

view组件上可以定义以下属性。
- hover-class：用于指定组件被按下时的样式，其值为字符串类型。
- hover-stop-propagation：用于指定是否阻止本节点的祖先节点出现点击状态，其值为boolean类型。
- hover-start-time：用于指定按住后多久出现点击状态，单位为ms，值为数字类型。

- hover-stay-time：用于指定手指松开后点击状态保留的时长，单位为 ms，其值为数字类型。

view 组件可以与 WXSS 配合来完成页面布局效果，示例代码如例 9.1 所示。

【例 9.1】view 组件实现宫格布局。

```
// index.wxml
<view class="row">
    <view class="col">A</view>
    <view class="col">B</view>
    <view class="col">C</view>
    <view class="col">D</view>
    <view class="col">E</view>
    <view class="col">F</view>
</view>

// index.wxss
.row{
  display: flex;
  flex-wrap: wrap;
}
.col{
  border: 1px solid #000;
  min-height: 150rpx;
  width: 30%;
  margin: 10rpx;
  display: flex;
  align-items: center;
  justify-content: center;
}
```

上面代码运行后的效果如图 9.1 所示。

9.1.2 滑块视图容器组件

许多购物商城类小程序经常会在首页放置一些轮播图的特效，以用于循环播放热销商品信息。小程序基础组件中的 swiper 组件就可以实现图片轮播的效果。swiper 组件的属性及相关说明如表 9.1 所示。

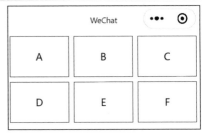

图 9.1 view 组件实现宫格布局

表 9.1 swiper 组件的属性及相关说明

属性	类型	默认值	说明
indicator-dots	boolean	false	是否显示面板指示点
indicator-color	color	rgba(0, 0, 0, .3)	指示点颜色
indicator-active-color	color	#000000	当前选中的指示点颜色
autoplay	boolean	false	是否自动切换
current	number	0	当前所在滑块的 index
interval	number	5000	自动切换时间间隔
duration	number	500	滑动动画时长
circular	boolean	false	是否采用衔接滑动
vertical	boolean	false	滑动方向是否为纵向

< 102 >

续表

属性	类型	默认值	说明
previous-margin	string	"0px"	前边距，可接收 px 和 rpx 值
next-margin	string	"0px"	后边距，可接收 px 和 rpx 值
display-multiple-items	number	1	同时显示的滑块数量
easing-function	string	"default"	指定 swiper 切换缓动动画类型

swiper 视图组件中要放置 swiper-item 组件，否则将无法实现轮播效果。每个 swiper-item 组件为轮播中的一个滑块元素，宽度、高度比默认均为 100%。在 swiper-item 组件上可以定义两个属性：一个属性是 item-id，它用于表示该 swiper-item 组件的唯一标识符；另一个属性是 skip-hidden-item-layout，它用于表示是否跳过未显示的滑块布局，其值为 boolean 类型，如果值为 true 时，可以优化复杂情况下的滑动性能，但会丢失隐藏状态滑块的布局信息。

swiper 组件上除了可以定义上述一些属性之外，还可以定义以下 3 个事件。

- bindchange 事件：当组件上的 current 属性改变时触发该事件。
- bindtransition 事件：当 swiper-item 的位置发生改变时触发该事件。
- bindanimationfinish 事件：当动画结束时会触发该事件。

swiper 组件上的 change 事件函数有两个默认参数：一个参数是 current，它表示当前改变的 current 属性值；另一个参数是 source，它表示导致变更的原因，而原因的值又存在以下 3 种情况。

- 值为 autoplay：表示由于自动切换导致 swiper 的 current 属性发生改变。
- 值为 touch：表示用户手动滑动屏幕导致 swiper 发生变化。
- 值为空字符串：表示由于其他原因引起的 swiper 发生变化。

如果在 bindchange 的事件回调函数中使用 setData() 函数改变 current 的值，会导致 setData() 函数不停地被调用而引起程序死循环。如果开发者想要通过代码来改变 current 的值，在调用 setData() 方法之前应该先检查一下 source 字段的值是否是由于用户触摸引起的，这样就可以避免程序死循环的情况出现。

在小程序页面中实现轮播图效果的示例代码如例 9.2 所示。

【例 9.2】实现轮播图代码。

```
// index.wxml
<view class="swiper-body">
    <swiper
        indicator-dots
        autoplay
        circular
        indicator-color="#ffffff"
        indicator-active-color="#666666"
    >
        <swiper-item class="swiper-item-a">A</swiper-item>
        <swiper-item class="swiper-item-b">B</swiper-item>
        <swiper-item class="swiper-item-c">C</swiper-item>
    </swiper>
</view>

// index.wxss
.swiper-body {
  color: #fff;
}
```

< 103 >

```
swiper-item {
  display: flex;
  justify-content: center;
  align-items: center;
}
.swiper-item-a {
  background-color: blue;
}
.swiper-item-b {
  background-color: pink;
}
.swiper-item-c {
  background-color: #ccc;
}
```

上面代码运行后的效果如图 9.2 所示。

在例 9.2 的代码中，没有为 swiper 组件添加的 indicator-dots、autoplay、circular 3 个属性设置属性值，因为如果属性值为 boolean 类型，只要在组件中定义了该属性就表示该属性的值为 true，故 swiper 组件标签上添加的这 3 个属性表示在轮播面板中显示滑块元素的指示点，并设置当前轮播为自动切换效果，且采用衔接滑动的效果。然后又在 swiper 组件上定义了 indicator-color 属性和 indicator-active-color 属性，分别用于设置指示点的默认颜色值为 "#ffffff"、当前选中的指示点颜色值为 "#666666"。

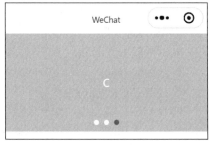

图 9.2　轮播效果

9.1.3　可滚动视图容器组件

在传统的前端 Web 开发中，如果页面内容元素过多且超出了视图容器边界的范围，可以通过 CSS 设置该元素超出范围的部分使用滚动样式，那么在小程序中同样可以使用滚动容器组件来实现这样的效果。小程序的视图容器组件中提供了 scroll-view 组件，它表示一种可滚动的视图区域组件。

scroll-view 组件为开发者提供了两种滚动的方式，一种是横向滚动，另一种是纵向滚动。开发者可以通过 scroll-view 组件上的属性来对两种滚动方式进行控制。scroll-view 组件的部分属性及相关说明如表 9.2 所示。

表 9.2　scroll-view 组件的部分属性及相关说明

属性	类型	默认值	说明
scroll-x	boolean	false	是否允许横向滚动
scroll-y	boolean	false	是否允许纵向滚动
upper-threshold	number/string	50	设置距顶部/左边多远时，触发 scrolltoupper 事件
lower-threshold	number/string	50	设置距底部/右边多远时，触发 scrolltolower 事件
scroll-top	number/string	—	设置竖向滚动条位置
scroll-left	number/string	—	设置横向滚动条位置
scroll-with-animation	boolean	false	是否在设置滚动条位置时使用动画过渡
refresher-enabled	boolean	false	是否开启自定义下拉刷新
refresher-threshold	number	45	设置自定义下拉刷新阈值
show-scrollbar	boolean	true	滚动条显隐控制
paging-enabled	boolean	false	是否开启分页滑动效果
fast-deceleration	boolean	false	滑动减速速率控制

< 104 >

scroll-view 组件上还可以定义一系列事件，如表 9.3 所示。

表 9.3　scroll-view 组件的事件及相关说明

事件名称	说明
binddragstart	滑动开始事件
binddragging	滑动事件
binddragend	滑动结束事件
bindscrolltoupper	滚动到顶部/左边时触发
bindscrolltolower	滚动到底部/右边时触发
bindscroll	滚动时触发
bindrefresherpulling	自定义下拉刷新控件被下拉
bindrefresherrefresh	自定义下拉刷新被触发
bindrefresherrestore	自定义下拉刷新被复位
bindrefresherabort	自定义下拉刷新被中止

　　scroll-view 组件被滚动时，系统会阻止页面的回弹，所以无法触发在 Page 构造器参数中定义的 onPullDownRefresh()页面事件处理函数，即无法使用小程序提供的接口监听用户下拉刷新事件。如果想要在滚动视图容器中监听用户的下拉刷新行为，需要使用 scroll-view 组件提供的相关事件来监听。

　　如果开发者使用的是 2.4.0 版本以下的基础库，scroll-view 组件中不支持嵌套 textarea、map、canvas、video 等组件。使用 scroll-view 组件实现纵向滚动的示例代码如例 9.3 所示。

　　【例 9.3】纵向滚动示例。

```
// index.wxml
<view class="scroll-container">
    <scroll-view scroll-y bindscrolltolower="onScrollBottom">
        <view class="row-item" wx:for="{{nums}}" wx:key="index">
            {{item}}
        </view>
    </scroll-view>
</view>

// index.js
Page({
  data: {
    nums: 100
  },
  onScrollBottom() {
    // 滚动区域触底时触发
    wx.showToast({
      title: '已经触底了! ',
    })
  }
})

// index.wxss
.scroll-container {
  background-color: #eee;
  height: 500rpx;
}
```

< 105 >

```
scroll-view {
  border: 1px solid #999;
  height: 100%;
}
.row-item {
  line-height: 60rpx;
  text-align: center;
}
```

上面代码运行后的效果如图 9.3 所示。

在例 9.3 中，为 scroll-view 组件添加的 bindscrolltolower 事件用于监听滚动区域触底行为，并在 index.js 文件中定义 onScrollBottom()事件方法。当滚动区域触底时，弹出提示框，效果如图 9.4 所示。

图 9.3　scroll-view 组件的区域滚动效果　　　　图 9.4　scroll-view 组件滚动触底时弹出提示框

9.1.4　可移动视图容器组件

小程序除了提供一些常用的视图容器组件之外，还提供了一个可移动的视图容器组件 movable-view，用户可以在页面中使用手指滑动实现组件的拖曳滑动。movable-view 组件必须要放置在 movable-area 组件中，并且要是其直接的子节点才能实现拖曳，否则将不能移动。

movable-area 组件用于定义可移动区域。该组件上有一个 scale-area 属性，其值为 boolean 类型，用于设置当 movable-view 为双指缩放时是否将缩放手势生效区域修改为整个 movable-area 容器。而且使用 movable-area 组件必须设置 width 和 height 属性，如果不设置这两个属性，默认宽度和高度值均为 10px。当 movable-view 组件尺寸小于 movable-area 容器时，movable-view 组件的移动范围是在 movable-area 容器内；当 movable-view 组件尺寸大于 movable-area 容器时，movable-view 组件的移动范围必须包含 movable-area 容器。

movable-view 组件的部分属性及相关说明如表 9.4 所示。

表 9.4　movable-view 组件的部分属性及相关说明

属性	类型	默认值	说明
direction	string	—	移动方向
inertia	boolean	false	是否带有惯性
out-of-bounds	boolean	false	超过可移动区域后，是否可移动
x	number/string	—	定义 x 轴方向的偏移
y	number/string	—	定义 y 轴方向的偏移
damping	number	20	阻尼系数
friction	number	2	摩擦系数

< 106 >

续表

属性	类型	默认值	说明
disabled	boolean	false	是否禁用
scale	boolean	false	是否支持双指缩放
scale-min	number	0.5	定义缩放倍数最小值
scale-max	number	10	定义缩放倍数最大值
scale-value	number	1	定义缩放倍数，取值范围为0.5~10
animation	boolean	true	是否使用动画

movable-view 组件的事件及相关说明如表9.5所示。

表 9.5　movable-view 组件的事件及相关说明

事件名称	说明
bindchange	拖动过程中触发的事件
bindscale	缩放过程中触发的事件
htouchmove	初次手指触摸后，横向移动时触发
vtouchmove	初次手指触摸后，纵向移动时触发

movable-view 组件上的 bindchange 事件函数有 3 个默认参数，分别是 x、y、source。其中，参数 x 和 y 表示组件移动的坐标位置；source 表示组件产生移动的原因，其原因值包括以下几个。

- 当值为 touch 时，表示用户拖动。
- 当值为 touch-out-of-bounds 时，表示超出了移动的范围。
- 当值为 out-of-bounds 时，表示超出移动范围后的回弹。
- 当值为 friction 时，表示移动时的惯性。
- 当值为空字符串时，表示使用setData()函数修改了组件的位置。

使用 movable-view 组件时必须设置组件的 width 和 height 属性，如果不设置宽、高属性，系统会默认设置 movable-view 组件的宽度、高度分别为 10px。movable-view 组件默认为绝对定位，其 top 和 left 属性值均为 0px。基于 movable-view 组件实现页面元素的可拖曳功能示例代码如例 9.4 所示。

【例9.4】实现页面元素的可拖曳功能。

```
// index.wxml
<movable-area>
    <movable-view
        direction="all"
        inertia
        bindchange="onViewChange"
    >
        Hello
    </movable-view>
</movable-area>

// index.js
Page({
  onViewChange(options) {
    // 可移动容器位置改变事件
    const {x, y, source}=options.detail
    console.log("移动后 X 坐标: ", x);
```

< 107 >

```
      console.log("移动后 Y 坐标: ", y);
      console.log("移动原因: ", source);
  }
})

// index.wxss
movable-area {
  border: 1px solid #000;
  width: 100%;
  height: 500rpx;
}
movable-view {
  width: 150rpx;
  height: 150rpx;
  border-radius: 50%;
  display: flex;
  align-items: center;
  justify-content: center;
  background-color: #999;
  color: #fff;
}
```

上面代码运行后的效果如图 9.5 所示。

拖曳页面元素时会触发 movable-view 组件上 bindchange 事件绑定的方法 onViewChange。在当前页面的 Page 构造器参数中定义了 onViewChange()方法，该方法声明了 options 参数，程序可以通过该方法上的参数获取到拖曳后的坐标值以及元素移动的原因。onViewChange()方法执行后，微信开发者工具控制台输出的效果如图 9.6 所示。

图 9.5　页面元素拖曳后的效果

图 9.6　元素被拖曳后的输出效果

9.1.5　原生视图容器组件

小程序提供了 cover-view 和 cover-image 两个原生组件，帮助开发者实现对 map、video、camera 以及 canvas 等小程序原生组件的控制。例如，开发者可以将 cover-view 和 cover-image 组件覆盖在其他原生组件上，从而修改这些原生组件的表现。

cover-view 组件是覆盖在原生组件上的文本视图，cover-image 组件是覆盖在原生组件之上的图片视图，两个组件都可以覆盖 map、video、canvas、camera、live-player、live-pusher 等原生组件。通过 cover-view 组件与 map 组件来实现地图上的自定义提示内容，示例代码如例 9.5 所示。

【例 9.5】地图上的自定义提示。

```
// index.wxml
<map
```

< 108 >

```
    latitude="{{latitude}}"
    longitude="{{longitude}}"
>
    <cover-view class="body">
        <cover-view class="tip">
            腾讯总部
        </cover-view>
    </cover-view>
</map>

// index.js
Page({
  data: {
    latitude: 23.099994,
    longitude: 113.324520,
  }
})

// index.wxss
map {
  width: 100%;
  height: 500rpx;
}
.body {
  height: 100%;
  width: 100%;
}
.tip {
  position: absolute;
  width: 250rpx;
  height: 80rpx;
  background: rgba(0, 0, 0, 0.4);
  color: #fff;
  bottom: 90rpx;
  left: 250rpx;
  display: flex;
  align-items: center;
  justify-content: center;
}
```

上面代码运行后的效果如图 9.7 所示。

基础组件

图 9.7　地图的自定义提示效果

9.2　基础组件

小程序提供的基础组件主要用于表示页面上的基础元素。它一共有 4 种基础组件，即 text（文本）组件、rich-text（富文本）组件、progress（进度条）组件、icon（图标）组件。

9.2.1　文本组件

小程序的 text 组件提供了最基础的文本展示。其与 HTML 中的<span>标记类似，属于行内元素。

< 109 >

text 组件提供了 3 个属性，text 组件的属性及相关说明如表 9.6 所示。

表 9.6   text 组件的属性及相关说明

属性	类型	默认值	说明
user-select	boolean	false	文本是否可选
space	string	—	显示连续空格
decode	boolean	false	是否解码

在 text 组件的属性中，decode 属性比较特殊，它用于标记语言中转义字符文本的解码操作。由于各个操作系统存在差异，因此某些转义字符的解析标准有所不同，例如空格的解析在各个操作系统中执行的标准就不一致。decode 属性可以解析以下常见的转义字符。

- ：表示半角的不断行空格。
- <：表示左尖括号。
- >：表示右尖括号。
- &：表示特殊符号&。
- '：表示单引号。
- ：表示半角的空格。
- ：表示全角的空格。

与 view 组件不同，text 组件中只能嵌套 text 组件本身，不能嵌套 view 或其他组件。text 组件的 space 属性有 3 个合法值，分别是 ensp、emsp、nbsp。这 3 个值都是用来修饰文本中空格显示效果的，但是每个值显示的空格大小并不相同。

9.2.2 富文本组件

根据已经学习的 view 视图容器组件和 text 组件知识可以知道，这两个组件主要起到容器的作用，view 相当于一个块级元素，text 相当于一个行内元素。但是在开发过程中，如果遇到了一些在 HTML 中很常用的容器，而小程序基础组件中又没有定义，该如何实现呢？

在小程序开发中如果需要用到一些传统的 HTML 标记，例如需要用到<table>标记渲染一个表格，可以使用小程序基础组件提供的 rich-text 组件来实现。rich-text 组件上有一个 nodes 属性，该属性的值有两种类型：一种是 Array 数组类型；另一种是 String 字符串类型。当值为 Array 类型时，数组中的元素是每个 HTML 节点对象；当值为 String 类型时，值的内容为字符串型 HTML 标记。

当 nodes 属性值为数组类型时，数组中的元素为 node 类型的节点对象，通过 rich-text 组件将节点对象渲染成小程序的 WXML 组件。该节点对象有 3 个字段，分别是 name（标签名）、attrs（属性）、children（子节点列表）。使用节点对象渲染 HTML 的示例代码如例 9.6 所示。

【例 9.6】使用节点对象渲染 HTML。

```
// index.wxml
<view class="body">
    <view class="title">渲染后: </view>
    <rich-text nodes="{{nodes}}"></rich-text>
</view>

// index.js
Page({
  data: {
    nodes: [{
```

< 110 >

```
        name: 'div',
        attrs: {
          style: 'border: 1px dashed #000'
        },
        children: [
          { type: 'text', text: 'Hello World' }
        ]
    }]
  }
})

// index.wxss
.body {
  padding: 30rpx;
}
.title {
  margin-bottom: 30rpx;
}
```

上面代码运行后的效果如图 9.8 所示。

图 9.8　使用节点对象渲染 HTML 的效果

当 rich-text 组件的 nodes 属性值为 String 类型时，渲染 HTML 的示例代码如例 9.7 所示。

【例 9.7】渲染 String 类型的 HTML。

```
// index.wxml
<view class="body">
    <view class="title">渲染后: </view>
    <rich-text nodes="{{htmlSnip}}"></rich-text>
</view>

// index.js
Page({
  data: {
    htmlSnip: '
    <h3>表格标题</h3>
    <table style="border:1px dashed #000;" width="100%">
      <tr>
        <td class="table-td">A1</td>
        <td class="table-td">B1</td>
      </tr>
      <tr>
        <td class="table-td">A2</td>
        <td class="table-td">B2</td>
      </tr>
    </table>
    '
  }
})
```

< 111 >

```
// index.wxss
.body {
  padding: 30rpx;
}
.title {
  margin-bottom: 30rpx;
}
.table-td {
  border: 1px solid #000;
}
```

上面代码运行后的效果如图 9.9 所示。

9.2.3　进度条组件

在许多有文件上传和下载功能的页面中，当用户进行文件上传或下载操作时，系统需要在页面中以进度条的形式提醒用户当前文件上传或下载的进度。小程序的基础组件中也提供了progress 组件，该组件属性的长度单位默认为 px；基础库 2.4.0 版本以后，其长度单位也开始支持 rpx。progress 组件的属性及相关说明如表 9.7 所示。

图 9.9　使用 String 类型渲染 HTML 的效果

表 9.7　progress 组件的属性及相关说明

属性	类型	默认值	说明
percent	number	—	百分比（取值为 0~100）
show-info	boolean	false	是否在进度条右侧显示百分比信息
border-radius	number/string	0	圆角大小
font-size	number/string	16	右侧百分比字体大小
stroke-width	number/string	6	进度条线的宽度
color	string	#09BB07	进度条的颜色
activeColor	string	#09BB07	已选择的进度条颜色
backgroundColor	string	#EBEBEB	未选择的进度条颜色
active	boolean	false	是否激活进度条从左往右的动画
active-mode	string	backwards	backwards：动画从头播 forwards：动画从上次结束点接着播
duration	number	30	进度增加 1% 所需毫秒数

progress 组件的示例代码如例 9.8 所示。

【例 9.8】使用 progress 组件实现进度条。

```
// index.wxml
<view class="progress-box">
  <progress percent="20" show-info stroke-width="3"/>
</view>
<view class="progress-box">
  <progress percent="40" active stroke-width="3" />
  <icon class="progress-cancel" type="cancel"></icon>
</view>
<view class="progress-box">
```

< 112 >

```
  <progress percent="60" active stroke-width="3" />
</view>
<view class="progress-box">
  <progress percent="80" color="#10AEFF" active stroke-width="3" />
</view>

// index.wxss
.progress-box {
  padding: 20rpx;
  display: flex;
  margin: 20px 0rpx;
}
progress {
  width: 80%;
  margin-right: 20rpx;
}
```

上面代码运行后的效果如图 9.10 所示。

9.2.4 图标组件

小程序基础组件的 icon 组件是用法最为简单的一个组件，它用于在页面中展示具有微信风格的一系列图标。icon 组件可以通过 type 属性来设置图标的类型，type 属性的值可以设置为以下几种之一。

图 9.10 进度条组件效果

- success：用于表示操作顺利完成。
- success_no_circle：用于多选控件中，表示已选择该项目。
- info：用于表示信息提示，也常用于缺乏条件的操作拦截，提示用户所需信息。
- warn：用于表示操作后将引起一定后果的情况，也用于表示由于系统原因而造成的负向结果。
- waiting：用于表示等待，告知用户需等待结果。
- cancel：用于表单中，表示关闭或停止。
- download：用于表示可下载。
- search：用于搜索控件中，表示可搜索。
- clear：用法与 cancel 类似。

icon 组件上还提供了 size 属性和 color 属性，使用这两个属性可以设置图标的尺寸大小和颜色；图标尺寸单位默认为 px，默认值为 23 从基础库 2.4.0 版本开始，图标尺寸单位也可以支持 rpx。

小程序基础组件中提供的图标类型不算特别丰富，但是可以满足日常开发所需。icon 组件各种样式的图标使用代码如例 9.9 所示。

【例 9.9】使用 icon 组件实现各种图标。

```
// index.wxml
<view class="row">
   <icon type="success"></icon>
   <view class="icon-text">success, 成功</view>
</view>
<view class="row">
   <icon type="success_no_circle"></icon>
   <view class="icon-text">success_no_circle, 已选择</view>
</view>
```

< 113 >

```
<view class="row">
    <icon type="info"></icon>
    <view class="icon-text">info, 信息</view>
</view>
<view class="row">
    <icon type="warn"></icon>
    <view class="icon-text">warn, 警告</view>
</view>
<view class="row">
    <icon type="waiting"></icon>
    <view class="icon-text">waiting, 等待</view>
</view>
<view class="row">
    <icon type="cancel"></icon>
    <view class="icon-text">cancel, 关闭或停止</view>
</view>
<view class="row">
    <icon type="clear"></icon>
    <view class="icon-text">clear, 关闭或停止</view>
</view>
<view class="row">
    <icon type="download"></icon>
    <view class="icon-text">download, 下载</view>
</view>
<view class="row">
    <icon type="search"></icon>
    <view class="icon-text">search, 搜索</view>
</view>

// index.wxss
.row {
  padding: 30rpx;
  display: flex;
}
.icon-text {
  margin-left: 20rpx;
}
```

上面代码运行后的效果如图 9.11 所示。

表单组件

9.3 表单组件

在购物网站中经常会遇到这种场景：选购完商品后，在提交订单时需要填写订单信息，例如收件人的收货信息（包括收件人姓名、电话、详细地址等）。这些需要与用户交互的页面元素被称为表单元素。表单是传统 Web 前端开发中很常见的一种交互方式，小程序也提供了表单类的组件，以方便开发者实现用户交互的功能。

小程序提供的表单组件主要包括 button（按钮）、checkbox（复选框）、input（输入框）、label（标签）、picker（滚动选择器）、radio

图 9.11 小程序中 icon 组件图标类型效果

< 114 >

（单选按钮）、switch（开关选择器）、textarea（多行输入框）、slider（滑动选择器）、form（表单）等。但是在实际开发中，使用频率最高的是按钮、输入框、单选按钮、复选框、选择器、表单等表单元素组件。下面对这几个最常用的表单元素组件做详细的介绍。

9.3.1　按钮

首先，看一下 button 按钮组件。按钮组件不仅可以使用在页面的表单中实现数据提交的功能，还可以应用在很多场景中，例如作为触发某个功能的页面点击元素。

button 组件的部分属性及相关说明如表 9.8 所示。

表 9.8　button 组件的部分属性及相关说明

属性	类型	默认值	说明
size	string	default	按钮的大小
type	string	default	按钮的样式类型
plain	boolean	false	按钮是否镂空，背景色透明
disabled	boolean	false	是否禁用
loading	boolean	false	名称前是否带 loading 图标
form-type	string	—	用于 form 组件，点击分别会触发 form 组件的 submit、reset 事件
open-type	string	—	指定微信开放能力的类型
hover-class	string	button-hover	指定按钮按下去的样式类
hover-stop-propagation	boolean	false	指定是否阻止本节点的祖先节点出现点击态
hover-start-time	number	20	按住后多久出现点击态，单位为 ms
hover-stay-time	number	70	手指松开后点击态保留时间，单位为 ms
lang	string	en	指定返回用户信息的语言，如 zh_CN 代表简体中文，zh_TW 代表繁体中文，en 代表英文
session-from	string	—	会话来源，open-type="contact"时有效

button 组件的事件及相关说明如表 9.9 所示。

表 9.9　button 组件的事件及相关说明

事件名称	说明
bindgetuserinfo	用户点击该按钮时获取用户信息
bindcontact	客服消息回调；open-type="contact"时有效
bindgetphonenumber	获取用户手机号码回调；open-type="getPhoneNumber"时有效
binderror	当使用开放能力时，发生错误的回调；open-type="launchApp"时有效
bindopensetting	打开授权设置页后回调；open-type="openSetting"时有效
bindlaunchapp	打开 App 成功时回调；open-type="launchApp"时有效
bindchooseavatar	获取用户头像回调；open-type="chooseAvatar"时有效

小程序表单组件提供的 button 组件除了实现普通按钮的功能之外，还具有获取微信开放能力的功能。开发者可以通过设置组件上的 open-type 属性值来实现获取不同的微信开放能力。open-type 属性的合法值有以下几种类型。

- 当值为 contact 时，表示打开客服会话。
- 当值为 share 时，表示触发用户转发。
- 当值为 getPhoneNumber 时，表示获取用户手机号码。
- 当值为 getUserInfo 时，表示获取用户信息。

< 115 >

- 当值为 launchApp 时，表示打开 App，通过 app-parameter 属性设定向 APP 传送的参数。
- 当值为 openSetting 时，表示打开授权设置页面。
- 当值为 feedback 时，表示打开意见反馈页面。
- 当值为 chooseAvatar 时，表示获取用户头像。

开发者还可以通过 button 组件属性设置按钮的风格样式，例如设置 loading 属性的值为 true 时，可以在按钮上添加加载的图标，表示当前处于加载状态。使用 loading 属性模拟小程序文件下载的状态，示例代码如例 9.10 所示。

【例 9.10】动态设置按钮的 loading 状态。

```
// index.wxml
<button
    loading="{{isLoading}}"
    type="primary"
    bindtap="onLoading"
>{{btnText}}</button>

// index.js
Page({
  data: {
    btnText: '点击下载',
    isLoading: false
  },
  onLoading() {
    this.setData({
      btnText: '下载中',
      isLoading: true
    }, () => {
      setTimeout(() => {
        this.setData({
          btnText: '下载完成',
          isLoading: false
        })
      }, 2000)
    })
  }
})
```

上面代码运行后的页面显示效果如图 9.12 所示。

在例 9.10 中，为页面的 button 组件定义了 loading 属性用于控制按钮的加载状态显示，并且为组件定义了一个点击事件；点击按钮时，触发 Page 构造器参数中的 onLoading()方法，同时修改按钮的

图 9.12　页面显示效果

文本为"下载中"，修改按钮为加载状态。在 onLoading()方法中添加了一个定时器，当点击按钮 2 秒之后，将按钮文本修改为"下载完成"，同时取消按钮的加载状态。按钮点击后的效果如图 9.13 所示，过 2 秒后按钮的显示效果如图 9.14 所示。

图 9.13　按钮点击后的效果

图 9.14　过 2 秒后按钮的显示效果

< 116 >

9.3.2　输入框

input 组件是表单组件中非常重要、也是最基础的一个组件。该组件是页面实现用户交互的常用组件，它可以收集用户输入的信息。input 组件提供了非常多的属性和事件，便于开发者控制输入框的表现。

input 组件的部分属性及相关说明如表 9.10 所示。

表 9.10　input 组件的部分属性及相关说明

属性	类型	默认值	说明
value	string	—	输入框的初始内容
type	string	text	input 的类型
password	boolean	false	是否是密码类型
placeholder	string	—	输入框为空时的占位符
disabled	boolean	false	是否禁用
maxlength	number	140	最大输入长度。其设置为-1 时不限制最大长度
cursor-spacing	number	0	指定光标与键盘的距离
auto-focus	boolean	false	是否自动聚焦，拉起键盘
focus	boolean	false	是否获取焦点
confirm-type	string	done	设置键盘右下角按钮的文字
confirm-hold	boolean	false	点击键盘右下角按钮时是否保持键盘不收起
cursor	number	—	指定 focus 时的光标位置
adjust-position	boolean	true	键盘弹起时是否自动上推页面

input 组件的事件及相关说明如表 9.11 所示。

表 9.11　input 组件的事件及相关说明

事件名称	说明
bindinput	键盘输入时触发
bindfocus	输入框聚焦时触发
bindblur	输入框失去焦点时触发
bindconfirm	点击完成按钮时触发
bindkeyboardheightchange	键盘高度发生变化时触发

input 组件使用的示例代码如例 9.11 所示。

【例 9.11】input 组件示例代码。

```
// index.wxml
<view class="page-section">
  <view class="weui-cells__title">验证码</view>
  <view class="weui-cells weui-cells_after-title">
    <view class="weui-cell weui-cell_input">
      <input
        class="weui-input"
        auto-focus
        placeholder="输入验证码"
        type="number"
        bindconfirm="onSubmit"
      />
    </view>
  </view>
```

< 117 >

```
    </view>
// index.js
Page({
  data: {
    qrCode: ''
  },
  onSubmit(event){
    this.setData({
      qrCode: event.detail.value
    }, ()=>{
      console.log('用户输入验证码为: ', this.data.qrCode);
    })
  }
})

// index.wxss
.page-section {
    background-color: #eee;
    height: 100rpx;
    display: flex;
    align-items: center;
}
.weui-cells__title {
    margin: 0rpx 20rpx;
}
```

在例 9.11 中，为 input 组件添加了 type 属性，并将其值设置为 "number"，然后单击工具栏中的 "真机调试" 按钮，在手机上显示的小程序效果如图 9.15 所示。

当 type 属性值为 "number" 时，输入框获取焦点会自动弹出数字键盘，这也是 input 组件提供的特殊功能。type 属性的合法值如下。

- 当值为 text 时，表示文本输入键盘。
- 当值为 number 时，表示数字输入键盘。
- 当值为 idcard 时，表示身份证输入键盘。
- 当值为 digit 时，表示带小数点的数字键盘。
- 当值为 safe-password 时，表示密码安全输入键盘指引。
- 当值为 nickname 时，表示昵称输入键盘。

在例 9.11 的代码中，还为 input 组件添加了一个 bindconfirm 事件，当输入完成后点击确定按钮，会调用 Page 构造器参数中定义的 onSubmit() 事件方法，然后在微信开发者工具控制台打印相关结果。控制台输出效果如图 9.16 所示。

图 9.15 小程序真机调试效果

图 9.16 控制台输出效果

< 118 >

9.3.3　单选按钮

radio 组件用于表单中的单选操作。使用多个 radio 组件时，各选项之间存在一种互斥关系，需要将 radio 组件嵌套在 radio-group 组件中，并且在 radio-group 组件上定义 bindchange 事件，用于监听单选按钮选中项的改变。

radio 组件的属性相对比较简单，radio 组件的属性及相关说明如表 9.12 所示。

表 9.12　radio 组件的属性及相关说明

属性	类型	默认值	说明
value	string	—	radio 标识
checked	boolean	false	当前是否选中
disabled	boolean	false	是否禁用
color	string	#09BB07	radio 的颜色，同 CSS 的 color

radio 组件上没有事件，一组单选按钮的数据改变后，全都由 radio-group 组件的 change 事件进行监听并处理。小程序 radio 组件的示例代码如例 9.12 所示。

【例 9.12】radio 组件示例代码。

```
// index.wxml
<view class="page-section">
  <view class="page-section-title">请选择年级</view>
  <view class="weui-cells">
    <radio-group bindchange="radioChange">
      <label class="weui-cell" wx:for="{{items}}" wx:key="index">
        <view class="weui-cell__hd">
          <radio value="{{item.value}}" />
        </view>
        <view class="weui-cell__bd">{{item.label}}</view>
      </label>
    </radio-group>
  </view>
</view>

// index.js
Page({
  data: {
    items: [
      { label: '一年级', value: '1'},
      { label: '二年级', value: '2'},
      { label: '三年级', value: '3'},
      { label: '四年级', value: '4'},
      { label: '五年级', value: '5'}
    ],
    activeItem: ''
  },
  radioChange(event) {
    this.setData({
      activeItem: event.detail.value
    }, () => {
      console.log('当前选中: ', this.data.activeItem);
    })
```

< 119 >

```
    }
})

// index.wxss
.page-section {
    padding: 30rpx;
}
.page-section-title {
    font-weight: bold;
    margin-bottom: 30rpx;
}
.weui-cells {
    padding-left: 30rpx;
}
.weui-cell {
    display: flex;
    align-items: center;
    height: 130rpx;
    border-bottom: 1px solid #eee;
}
.weui-cell__bd {
    margin-left: 25rpx;
}
```

在例 9.12 中，为 radio-group 组件添加了一个 bindchange 事件，当单选按钮被选中时会触发 Page 构造器参数中定义的 radioChange()方法，选中效果如图 9.17 所示。单选按钮组件被选中事件触发后，会在微信开发者工具的控制台中输出相关的选择结果，如图 9.18 所示。

图 9.17　单选按钮选中效果

图 9.18　控制台输出效果

9.3.4　复选框

checkbox 组件与 radio 组件的使用方法很相似，即也需要把多个 checkbox 组件用 checkbox-group 组件包裹起来，checkbox-group 组件上同样可以定义一个 bindchange 事件来监听复选框选中项的改变。checkbox 组件上也有 4 个属性，checkbox 组件的属性及相关说明如表 9.13 所示。

表 9.13　checkbox 组件的属性及相关说明

属性	类型	默认值	说明
value	string	—	checkbox 标识
checked	boolean	false	当前是否选中

< 120 >

属性	类型	默认值	说明
disabled	boolean	false	是否禁用
color	string	#09BB07	checkbox 的颜色，同 CSS 的 color

checkbox 组件的用法与 radio 组件一样，示例代码如例 9.13 所示。

【例 9.13】checkbox 组件示例代码。

```
// index.wxml
<view class="page-section">
  <view class="page-section-title">选择体育特长：</view>
  <view class="weui-cells">
    <checkbox-group bindchange="checkboxChange">
      <label class="weui-cell" wx:for="{{items}}" wx:key="index">
        <view class="weui-cell__hd">
          <checkbox value="{{item}}" />
        </view>
        <view class="weui-cell__bd">{{item}}</view>
      </label>
    </checkbox-group>
  </view>
</view>

// index.js
Page({
  data: {
    items: ['篮球', '足球', '排球', '乒乓球', '羽毛球'],
    activeItem: []
  },
  checkboxChange(event) {
    this.setData({
      activeItem: event.detail.value
    }, () => {
      console.log('当前选中：', this.data.activeItem);
    })
  }
})

// index.wxss
.page-section {
    padding: 30rpx;
}
.page-section-title {
    font-weight: bold;
    margin-bottom: 30rpx;
}
.weui-cells {
    padding-left: 30rpx;
}
.weui-cell {
    display: flex;
    align-items: center;
    height: 130rpx;
    border-bottom: 1px solid #eee;
```

< 121 >

```
}
.weui-cell__bd {
    margin-left: 25rpx;
}
```

在例 9.13 中，为 checkbox-group 组件添加了一个 bindchange 事件，当复选框被选中时会触发 Page 构造器参数中定义的 checkboxChange()方法，选中效果如图 9.19 所示。复选框组件被选中事件触发后，会在微信开发者工具的控制台中输出相关的选择结果，如图 9.20 所示。

图 9.19　复选框选中效果

图 9.20　控制台输出效果

9.3.5　选择器

微信小程序的表单组件提供了 3 种选择器，分别是 picker（滚动选择器）组件、slider（滑动选择器）组件、switch（开关选择器）组件。

picker 组件是从界面底部弹起的可用手指上下滑动选项的一种选择器组件，picker 组件的属性及相关说明如表 9.14 所示。

表 9.14　picker 组件的属性及相关说明

属性	类型	默认值	说明
header-text	string	—	选择器的标题，仅安卓可用
mode	string	selector	选择器类型
disabled	boolean	false	是否禁用

除了上述通用的属性，对于不同的 mode，picker 拥有不同的属性。mode 的可选值有以下几个。
- 当值为 selector 时，表示普通选择器。
- 当值为 multiSelector 时，表示多列选择器。
- 当值为 time 时，表示时间选择器。
- 当值为 date 时，表示日期选择器。
- 当值为 region 时，表示省市区选择器。

picker 组件提供了 bindcancel 事件，该事件在用户取消选择状态时触发。picker 组件的示例代码如例 9.14 所示。

【例 9.14】picker 组件示例代码。

```
// index.wxml
<view class="section">
  <view class="section__title">选择热门城市: </view>
```

< 122 >

```
  <picker bindchange="bindPickerChange" value="{{city}}" range="{{array}}">
    <view class="picker">
      {{city ? city : '点击选择'}}
    </view>
  </picker>
</view>

// index.js
Page({
  data: {
    array: ['北京', '上海', '广州', '杭州', '西安', '武汉'],
    city: ''
  },
  bindPickerChange(event) {
    this.setData({
      city: this.data.array[event.detail.value]
    }, () => {
      console.log('当前选中: ', this.data.city);
    })
  }
})

// index.wxss
.section {
    padding: 30rpx;
    display: flex;
}
.section__title {
    font-weight: bold;
    margin-bottom: 20rpx;
}
```

上面代码运行后页面显示的效果如图 9.21 所示。

图 9.21　滚动选择器组件效果

< 123 >

slider 组件通常用于数字的快速赋值与展示操作，用户可以通过手指滑动 slider 组件上的滑块实现数字的输入操作。其核心属性及相关说明如表 9.15 所示。

表 9.15　slider 组件的属性及相关说明

属性	类型	默认值	说明
min	number	0	最小值
max	number	100	最大值
step	number	1	步长，取值必须大于 0
disabled	boolean	false	是否禁用
value	number	0	当前取值
activeColor	string	#1aad19	已选择的颜色
backgroundColor	string	#e9e9e9	背景条的颜色
block-size	number	28	滑块的大小，取值范围为 12～28
block-color	string	#ffffff	滑块的颜色
show-value	boolean	false	是否显示当前 value

小程序可以通过 slider 组件的 bindchange 事件监听用户滑动的结果，还可以用组件的 bindchanging 事件来监听用户的滑动过程。slider 组件的示例代码如例 9.15 所示。

【例 9.15】slider 组件示例代码。

```
// index.wxml
<view class="section">
  <text class="section__title">设置屏幕亮度: </text>
  <view class="body-view">
    <slider
      bindchange="sliderChange"
      show-value
      value="{{ defaultValue }}"
    />
  </view>
</view>

// index.js
Page({
  data: {
    defaultValue: 30,
    value: 0
  },
  sliderChange(event) {
    this.setData({
      value: event.detail.value
    }, () => {
      console.log('设置的值: ', this.data.value);
    })
  }
})

// index.wxss
.section {
```

< 124 >

```
    padding: 30rpx;
}
.section__title {
    font-weight: bold;
    margin-bottom: 30rpx;
}
```

上面代码运行后页面显示的效果如图 9.22 所示。

switch 组件是前述 3 种选择器组件中最常用的一种组件，它一般用于快速获取用户输入的 boolean 类型值。switch 组件有 4 个属性，switch 组件的属性及相关说明如表 9.16 所示。

图 9.22　滑块选择器组件效果

表 9.16　switch 组件的属性及相关说明

属性	类型	默认值	说明
checked	boolean	false	是否选中
disabled	boolean	false	是否禁用
type	string	switch	样式，有效值：switch 和 checkbox
color	string	#04BE02	switch 的颜色，同 CSS 的 color

通过 switch 组件的 bindchange 事件可以监听用户的操作，示例代码如例 9.16 所示。

【例 9.16】switch 组件示例代码。

```
// index.wxml
<view class="section">
  <text class="section__title">消息推送: </text>
  <view class="body-view">
    <switch checked="{{switchChecked}}" bindchange="switchChange"/>
    <text>{{ switchChecked ? '开启' : '关闭' }}</text>
  </view>
</view>

// index.js
Page({
  data: {
    switchChecked: true
  },
  switchChange(event) {
    this.setData({
      switchChecked: event.detail.value
    }, () => {
      console.log('设置的值: ', this.data.switchChecked);
    })
  }
})

// index.wxss
.section {
  padding: 30rpx;
  display: flex;
}
```

< 125 >

```
.section__title {
    font-weight: bold;
    margin-bottom: 30rpx;
}
```

上面代码运行后页面显示的效果如图 9.23 所示。

图 9.23 开关选择器组件效果

9.3.6 表单

微信小程序的表单组件中提供了 form 组件，它用于提交页面中的所有表单元素数据。在 form 组件中可以嵌入所有的表单元素组件，如输入框组件、复选框组件、单选按钮组件以及选择器组件等。form 组件有两个事件：一个是 bindsubmit 事件，它用于触发表单数据的提交；另一个是 bindreset 事件，它用于重置表单中所有元素组件的数据。

虽然 form 组件提供了 bindsubmit 事件用于获取完整的表单数据，但是对某些表单元素的值进行校验时还需要在表单元素的组件上添加对应的校验监听事件。form 组件的示例代码如例 9.17 所示。

【例 9.17】form 组件示例代码。

```
// index.wxml
<view class="form-body">
    <view class="form-title">个人资料</view>
    <form catchsubmit="formSubmit" catchreset="formReset">
        <view class="form-item">
            <view class="form-item-title">姓名：</view>
            <input name="name" placeholder="请输入" bindinput="onNameInput" />
        </view>
        <view class="form-item">
            <view class="form-item-title">性别：</view>
            <radio-group name="sex" bindchange="onSexChange">
                <label><radio value="男" checked/>男</label>
                <label><radio value="女"/>女</label>
            </radio-group>
        </view>
        <view class="form-item">
            <view class="form-item-title">特长：</view>
            <checkbox-group name="hobby" bindchange="onHobbyChange">
                <label><checkbox value="运动"/>运动</label>
                <label><checkbox value="艺术"/>艺术</label>
                <label><checkbox value="科技"/>科技</label>
            </checkbox-group>
        </view>
        <view class="form-item">
            <view class="form-item-title">城市：</view>
            <picker bindchange="onCityChange" range="{{citys}}" name="city">
                <view class="picker">
                    {{ user.city ? user.city : '点击选择'}}
                </view>
            </picker>
        </view>
```

< 126 >

```
      <view class="btn-area">
        <button type="primary" formType="submit">提交</button>
        <button formType="reset">重置</button>
      </view>
    </form>
  </view>

// index.js
Page({
  data: {
    user: {
      name: '',
      sex: '',
      hobby: [],
      city: ''
    },
    citys: ['北京', '上海', '广州', '杭州']
  },
  onNameInput(event) {
    const user={...this.data.user}
    user.name=event.detail.value
    this.setData({ user })
  },
  onSexChange(event) {
    const user={...this.data.user}
    user.sex=event.detail.value
    this.setData({ user })
  },
  onHobbyChange(event) {
    const user={...this.data.user}
    user.hobby=event.detail.value
    this.setData({ user })
  },
  onCityChange(event) {
    const user={...this.data.user}
    user.city=this.data.citys[event.detail.value]
    this.setData({ user })
  },
  formSubmit(event) {
    console.log('表单的数据: ', event.detail.value)
  },
  formReset() {
    const user={...this.data.user}
    user.city=''
    this.setData({ user })
  }
})

// index.wxss
.form-body {
    padding: 30rpx;
}
.form-title {
    font-weight: bold;
```

< 127 >

```
   text-align: center;
   margin-bottom: 30rpx;
}
.form-item {
   display: flex;
   align-items: center;
   height: 120rpx;
   border-bottom: 1px solid #eee;
}
.form-item-title {
   font-weight: bold;
   margin-right: 30rpx;
}
.btn-area button {
   margin: 30rpx 0rpx;
}
label {
   margin-right: 20rpx;
}
```

上面代码运行后页面显示的效果如图 9.24 所示。

单击页面中的"提交"按钮时会触发 Page 构造器参数中定义的 formSubmit()方法，并且在微信开发者工具的控制台输出相关的内容，如图 9.25 所示。

图 9.24　表单页面效果

图 9.25　控制台输出效果

9.4 导航组件

在传统的 Web 前端开发中可以使用<a>标记实现页面之间的跳转，小程序中也提供了一个用于页面跳转的组件，它就是 navigator 组件。navigator 组件提供了一个 target 属性用于设置跳转目标。在当前小程序页面中可以使用 navigator 组件跳转到其他页面中，也可以跳转到另一个小程序中。target 属性有两个值：一个值是 self，它表示在当前小程序中跳转；另一个值是 miniProgram，它表示在其他小程序中跳转。

navigator 组件的属性及相关说明如表 9.17 所示。

< 128 >

表 9.17 navigator 组件的属性及相关说明

属性	类型	默认值	说明
target	string	self	指定在哪个目标上发生跳转，默认为当前小程序
url	string	—	当前小程序内的跳转链接
open-type	string	navigate	跳转方式
delta	number	1	回退的层数。open-type 为 navigateBack 时有效
appid	string	—	要打开的小程序 appid
path	string	—	打开的页面路径，如果为空则打开首页
extra-data	object	—	需要传递给目标小程序的数据
version	string	release	要打开的小程序版本
hover-class	string	navigator-hover	指定点击时的样式类
hover-stop-propagation	boolean	false	指定是否阻止本节点的祖先节点出现点击态
hover-start-time	number	50	设置按住后多久出现点击态，单位为 ms
hover-stay-time	number	600	设置手指松开后点击态保留时间，单位为 ms

使用 navigator 组件实现页面跳转时，可以通过组件的 open-type 属性来指定页面跳转方式。open-type 属性的合法值包括以下几个。

- 当值为 navigate 时，表示保留当前页面，跳转到应用内的某个页面。
- 当值为 redirect 时，表示关闭当前页面，跳转到应用内的某个页面。
- 当值为 switchTab 时，表示跳转到 tabBar 页面，并关闭其他所有非 tabBar 页面。
- 当值为 reLaunch 时，表示关闭所有页面，跳转到应用内的某个页面。
- 当值为 navigateBack 时，表示关闭当前页面，返回上一页面或多级页面。
- 当值为 exit 时，表示退出小程序。

navigator 组件还提供了 3 个事件，navigator 组件的事件及相关说明如表 9.18 所示。

表 9.18 navigator 组件的事件及相关说明

事件名称	说明
bindsuccess	跳转小程序成功时触发
bindfail	跳转小程序失败时触发
bindcomplete	跳转小程序完成后触发

从小程序基础库 2.3.0 版本开始，如果使用 navigator 组件跳转到其他小程序，在跳转前的页面中会弹框提示，询问用户是否跳转，并且只有当用户确认后才可以跳转到其他小程序。

使用 navigator 组件实现页面跳转的示例代码如例 9.18 所示。

【例 9.18】使用 navigator 组件实现页面跳转。

```
// pages/index/index.wxml
<view class="btn-area">
  <navigator
    url="../my/my"
    hover-class="navigator-hover"
    open-type="navigate"
  >
    跳转
  </navigator>
```

< 129 >

```
</view>

// pages/my/my.wxml
<view>这是个人中心页面</view>
```

上面代码运行后会直接显示 pages/index/index.wxml 页面，首页显示效果如图 9.26 所示。

单击小程序首页中的"跳转"文本时会触发 navigator 组件的跳转事件，然后跳转到 navigator 组件的 url 属性指向的页面，跳转后的页面效果如图 9.27 所示。

图 9.26　首页显示效果

图 9.27　跳转后的页面效果

navigator 组件的 open-type 属性用于设置跳转的方式。如果没有声明该属性，会默认按照 navigate 方式跳转页面。

9.5　媒体组件

媒体组件

9.5.1　音/视频组件

在日常生活中，人们经常会使用到手机上的音乐播放器听喜欢的歌曲，或者是打开某个视频播放软件看电视剧和电影等。在小程序中也提供了相关的组件，帮助开发者快速实现音/视频播放功能。这两个组件是 audio（音频）组件和 video（视频）组件。

audio 组件的属性及相关说明如表 9.19 所示。

表 9.19　audio 组件的属性及相关说明

属性	类型	默认值	说明
id	string	—	audio 组件的唯一标识符
src	string	—	要播放音频的资源地址
loop	boolean	false	是否循环播放
controls	boolean	false	是否显示默认控件
poster	string	—	默认控件上的音频封面图片资源地址
name	string	—	默认控件上的音频名称
author	string	—	默认控件上的作者名字

audio 组件的事件及相关说明如表 9.20 所示。

表 9.20　audio 组件的事件及相关说明

事件名称	说明
binderror	当发生错误时触发
bindplay	当开始/继续播放时触发
bindpause	当暂停播放时触发
bindtimeupdate	当播放进度改变时触发
bindended	当播放到末尾时触发

< 130 >

当音频播放发生错误时，会触发 audio 组件上的 binderror 事件。通过该事件默认参数中 MediaError.code 的值可以判断发生错误的原因，不同错误码表示的含义如下。

- 错误码为 1 时，表示获取资源被用户禁止。
- 错误码为 2 时，表示网络错误。
- 错误码为 3 时，表示解码错误。
- 错误码为 4 时，表示不合适资源。

在小程序中添加 audio 组件的示例代码如例 9.19 所示。

【例 9.19】audio 组件示例代码。

```
// index.wxml
<view class="audio-container">
    <audio
        poster="{{poster}}"
        name="{{name}}"
        author="{{author}}"
        src="{{src}}"
        id="myAudio"
        controls
        loop
    />
    <view class="btns">
        <button type="primary" bindtap="audioPlay">播放</button>
        <button type="warn" bindtap="audioPause">暂停</button>
    </view>
</view>

// index.js
Page({
  onReady: function(e){
    this.audioCtx=wx.createAudioContext('myAudio')
  },
  data: {
    poster: '/images/001.jpg',
    name: '小清新抒情背景音乐',
    author: '来源: 网络',
    src: '/audio/123.mp3',
  },
  audioPlay: function(){
    this.audioCtx.play()
  },
  audioPause: function(){
    this.audioCtx.pause()
  }
})

// index.wxss
view{
  text-align: center;
}
.btns{
  display: flex;
  margin-top: 30rpx;
}
```

< 131 >

上面代码运行后的页面效果如图 9.28 所示。

例 9.19 中音频文件引用的是项目本地的.mp3 文件，也可以引用网络中的音频链接。代码中的配图文件引用方法与音频文件引用方法相似。

小程序中还提供了一个 video 组件用于在页面中播放视频文件。video 组件的属性比 audio 组件的属性要复杂，video 组件的部分属性及相关说明如表 9.21 所示。

图 9.28　音频播放页面效果

表 9.21　video 组件的部分属性及相关说明

属性	类型	默认值	说明
src	string	—	要播放视频的资源地址
duration	number	—	指定视频时长
controls	boolean	true	是否显示默认播放控件
danmu-list	Array.<object>	—	弹幕列表
danmu-btn	boolean	false	是否显示弹幕按钮
enable-danmu	boolean	false	是否展示弹幕
autoplay	boolean	false	是否自动播放
loop	boolean	false	是否循环播放
muted	boolean	false	是否静音播放
initial-time	number	0	指定视频初始播放位置
page-gesture	boolean	false	在非全屏模式下，是否开启亮度与音量调节手势
direction	number	—	设置全屏时视频的方向
show-progress	boolean	true	若不设置，宽度大于 240px 时才会显示
show-fullscreen-btn	boolean	true	是否显示全屏按钮
show-play-btn	boolean	true	是否显示视频底部控制栏的播放按钮

video 组件的事件及相关说明如表 9.22 所示。

表 9.22　video 组件的事件及相关说明

事件名称	说明
bindplay	当开始/继续播放时触发
bindpause	当暂停播放时触发
bindended	当播放到末尾时触发
bindtimeupdate	播放进度变化时触发
bindfullscreenchange	视频进入和退出全屏时触发
bindwaiting	视频出现缓冲时触发
binderror	视频播放出错时触发
bindprogress	加载进度变化时触发
bindloadedmetadata	视频元数据加载完成时触发
bindcontrolstoggle	切换 controls 显示/隐藏时触发
bindenterpictureinpicture	播放器进入小窗
bindleavepictureinpicture	播放器退出小窗
bindseekcomplete	seek 完成时触发

< 132 >

　　运行在不同系统平台上，小程序对视频文件格式和视频编码格式的支持情况也是不一样的。相比较来说，iOS 比 Android 操作系统支持的视频文件格式要多一些，但是对于视频的编码格式，Android 操作系统全部支持，而 iOS 仅支持一部分编码格式。关于 iOS 和 Android 两大操作系统平台上的小程序对视频文件格式支持情况如表 9.23 所示。

表 9.23　不同操作系统对视频格式的支持情况

视频格式	iOS	Android
.mp4	√	√
.mov	√	×
.m4v	√	×
.3gp	√	√
.avi	√	×
.m3u8	√	√
.webm	×	√

　　iOS 和 Android 两大操作系统平台的小程序对视频编码格式支持情况如表 9.24 所示。

表 9.24　不同操作系统对编码格式的支持情况

视频格式	iOS	Android
H.264	√	√
HEVC	√	√
MPEG-4	√	√
VP9	×	√

　　video 组件在小程序页面中默认渲染的宽度为 300px、高度为 225px，开发者也可以通过 WXSS 文件设置视频控件的宽高。小程序中 video 组件的示例代码如例 9.20 所示。

　　【例 9.20】video 组件的示例代码。

```
// index.wxml
<view class="page-body">
  <view class="page-section tc">
   <video
    id="myVideo"
    src="{{src}}"
    danmu-list="{{danmuList}}"
    enable-danmu
    danmu-btn
    show-center-play-btn='{{false}}'
    show-play-btn="{{true}}"
    controls
    picture-in-picture-mode="{{['push', 'pop']}}"
  ></video>
   <view class="message-body">
     <input
       class="weui-input"
       type="text"
       placeholder="输入你想说的话"
       bindinput="inputMessage"
     />
     <view
       bindtap="onSendDanmu"
```

< 133 >

```
          class="page-body-button"
          type="primary"
      >发送</view>
    </view>
  </view>
</view>

// index.js
Page({
  data: {
    src:
'http://wxsnsdy.tc.qq.com/105/20210/snsdyvideodownload?filekey=30280201010421301f
0201690402534804102ca905ce620b1241b726bc41dcff44e00204012882540400&bizid=1023&hy=
SH&fileparam=302c02010104253023020436ffd93020457e3c4ff02024ef202031e8d7f02030f42
400204045a320a0201000400',
    message: '',
    danmuList:
    [{
      text: '第 1s 出现的弹幕',
      color: '#ff0000',
      time: 1
    }, {
      text: '第 3s 出现的弹幕',
      color: '#ff00ff',
      time: 3
    }],
    videoContext: null
  },
  onReady(){
    const videoContext=wx.createVideoContext('myVideo')
    this.setData({ videoContext })
  },
  inputMessage(event){
    this.setData({
      message: event.detail.value
    })
  },
  onSendDanmu(){
    this.data.videoContext.sendDanmu({
      text: this.data.message,
      color: '#ff00ff'
    })
  }
})

// index.wxss
.message-body{
    padding: 30rpx;
    display: flex;
}
.message-body input{
    background-color: #eee;
    margin: 0rpx 20rpx;
    height: 80rpx;
    width: 80%;
```

< 134 >

```
}
.page-body-button{
    background-color: #37f;
    color: #fff;
    width: 150rpx;
    height: 80rpx;
    display: flex;
    align-items: center;
    justify-content: center;
    border-radius: 10rpx;
}
```

上面代码运行后的页面显示效果如图 9.29 所示。

例 9.20 中的 video 组件声明了 danmu-list 属性来显示弹幕信息。用户还可以在输入框中编辑弹幕内容，然后点击"发送"按钮，实现在屏幕中发送弹幕，如图 9.30 所示。

图 9.29　视频播放器页面显示效果

图 9.30　发送弹幕效果

9.5.2　图片显示组件

image 组件是小程序提供的用于在页面中显示图片的一个媒体组件，它支持 JPG、PNG、SVG、WEBP、GIF 等图片格式的显示。image 组件的属性及相关说明如表 9.25 所示。

表 9.25　image 组件的属性及相关说明

属性	类型	默认值	说明
src	string	—	图片资源地址
mode	string	scaleToFill	图片裁剪、缩放的模式
webp	boolean	false	是否解析 webP 格式。默认不解析 webP 格式，只支持网络资源
lazy-load	boolean	false	是否启用图片懒加载
show-menu-by-longpress	boolean	false	是否启用图片长按功能

image 组件默认宽度为 320px、高度为 240px，该组件上的 mode 属性用于指定图片显示时所采用的裁剪或缩放模式。image 组件上还提供了一个用于控制长按图片的属性 show-menu-by-longpress，当该属性的值为 true 时，开启图片长按功能；如果图片为二维码，利用该功能可以直接识别二维码内容。用户在小程序中长按二维码图片时，支持识别的二维码包括小程序码、微信个人码、企业微信个人码、普通群码、互通群码、公众号二维码等。不过，小程序仅在 wx.previewImage 中支持图片的长按识别。

image 组件还可以定义两个事件 binderror 和 bindload，binderror 事件在图片加载异常时触发，

< 135 >

bindload 事件在图片加载完成时触发。

在小程序页面中加载图片的示例代码如例 9.21 所示。

【例 9.21】image 组件示例代码。

```
// index.wxml
<view>
    <image
        src="/images/001.jpg"
        mode="aspectFill"
    ></image>
</view>

// index.wxss
view{
    padding: 30rpx;
}
image {
    width: 400rpx;
    height: 400rpx;
}
```

上面代码运行后的页面效果如图 9.31 所示。

9.5.3 系统相机组件

在小程序内调用手机的相机功能也是小程序平台提供的基础功能之一。在小程序中可以通过 camera 组件实现调用系统相机的功能，从而用户可以通过相机实现拍照和扫描二维码。camera 组件的属性及相关说明如表 9.26 所示。

图 9.31　加载图片的页面效果

表 9.26　camera 组件的属性及相关说明

属性	类型	默认值	说明
mode	string	normal	应用模式。其只在初始化时有效，不能动态变更
resolution	string	medium	分辨率。其不支持动态修改
device-position	string	back	摄像头朝向
flash	string	auto	闪光灯。其值为 auto、on、off、torch
frame-size	string	medium	指定期望的相机帧数据尺寸

camera 组件的 mode 属性可以设置相机的使用模式。当 mode 属性值为 normal 时，表示开启相机模式，用户可以使用相机拍照和录像；当 mode 属性值为 scanCode 时，表示开启扫码模式，用户可以使用相机扫描二维码。

camera 组件还提供了 4 个事件，具体事件及相关说明如表 9.27 所示。

表 9.27　camera 组件的事件及相关说明

事件名称	说明
bindstop	摄像头在非正常终止时触发
binderror	用户不允许使用摄像头时触发
bindinitdone	相机初始化完成时触发
bindscancode	在扫码识别成功时触发

< 136 >

使用 camera 组件时，需要注意的是，在小程序的同一个页面中只能插入一个 camera 组件。小程序中开启相机功能的示例代码如例 9.22 所示。

【例 9.22 】camera 组件示例代码。

```
// index.wxml
<camera
    device-position="back"
    flash="off"
    binderror="error"
    style="width: 100%; height: 300px;"></camera>
<button type="primary" bindtap="takePhoto">拍照</button>
<view>预览</view>
<image mode="widthFix" src="{{src}}"></image>

// index.js
Page({
  takePhoto(){
    const ctx=wx.createCameraContext()
    ctx.takePhoto({
      quality: 'high',
      success: (res)=>{
        this.setData({
          src: res.tempImagePath
        })
      }
    })
  },
  error(e){
    console.log(e.detail)
  }
})
```

在微信开发者工具中无法直接查看相机开启的效果，开发者只能通过预览或真机调试在手机上查看相机的开启效果。

9.6　地图组件

地图组件

地图和导航功能已经成为大部分出行类移动应用的必备功能之一，小程序中提供了map（地图）组件以方便开发者在小程序应用中快速实现地图功能。map 组件是基于腾讯地图的开放功能，在小程序中实现快速渲染地图的一种高级功能。开发者可以根据自身产品的使用场景及 UI 风格，选取或创建风格匹配的地图样式。

利用小程序map组件提供的属性和API，用户可以快速创建需要的地图展示效果，降低开发成本。map 组件提供了大量的属性，其中部分核心属性及相关说明如表 9.28 所示。

表 9.28　map 组件的属性及相关说明

属性	类型	默认值	说明
longitude	number	—	中心经度
latitude	number	—	中心纬度

< 137 >

续表

属性	类型	默认值	说明
scale	number	16	缩放级别，取值范围为 3～20
min-scale	number	3	最小缩放级别
max-scale	number	20	最大缩放级别
markers	Array.<marker>	—	标记点
polyline	Array.<polyline>	—	路线
circles	Array.<circle>	—	圆
include-points	Array.<point>	—	缩放视野以包含所有给定的坐标点
show-location	boolean	false	是否显示带有方向的当前定位点
polygons	Array.<polygon>	—	多边形
rotate	number	0	旋转角度，取值范围为 0～360
skew	number	0	倾斜角度，取值范围为 0～40
show-compass	boolean	false	是否显示指南针
enable-overlooking	boolean	false	是否开启俯视
enable-zoom	boolean	true	是否支持缩放
enable-scroll	boolean	true	是否支持拖动
enable-rotate	boolean	false	是否支持旋转
enable-satellite	boolean	false	是否开启卫星图
enable-traffic	boolean	false	是否开启实时路况
enable-poi	boolean	true	是否展示 POI 点
enable-building	boolean	—	是否展示建筑物

map 组件提供的事件及相关说明如表 9.29 所示。

表 9.29　map 组件的事件及相关说明

事件名称	说明
bindtap	点击地图时触发
bindmarkertap	点击标记点时触发
bindlabeltap	点击 label 时触发
bindcontroltap	点击控件时触发
bindcallouttap	点击标记点对应的气泡时触发
bindupdated	在地图渲染更新完成时触发
bindregionchange	视野发生变化时触发
bindpoitap	点击地图 POI 点时触发
bindanchorpointtap	点击定位标时触发

小程序中使用 map 组件的示例代码如例 9.23 所示。

【例 9.23】map 组件示例代码。

```
// index.wxml
<view class="map-container">
    <map
```

< 138 >

```
          latitude="{{latitude}}"
          longitude="{{longitude}}"
          markers="{{markers}}"
          scale="{{scale}}"
          bindcontroltap="tapControl"
          bindregionchange="regionChange"
      ></map>
</view>

// index.wxss
Page({
  data: {
    latitude: 22.540822,
    longitude: 113.934457,
    scale: 16,
    markers: [
      {
        latitude: 22.540822,
        longitude: 113.934457,
        label: {
          content: '这里是腾讯大厦',
          color: '#333',
          borderWidth: 1,
          borderColor: '#000',
          bgColor: '#fff',
          padding: 5,
          textAlign: 'right',
          borderRadius: 5
        }
      }
    ]
  }
})
```

上面代码运行后页面效果如图 9.32 所示。

图 9.32　map 组件页面显示效果

9.7　本章小结

　　本章介绍了小程序组件的使用，以及小程序组件的属性与事件，并结合案例方便初学者快速上手。组件应用技能是开发者开发小程序的必备技能之一。读者要熟练掌握小程序组件的使用，利用各种组件提供的功能来达成项目需求目标。

9.8　习题

1. 填空题

（1）小程序中用于承载元素的容器组件是_____。

< 139 >

（2）输入框组件和按钮组件都是属于＿＿＿＿＿＿＿组件。

（3）调用相机的组件是＿＿＿＿＿＿＿，通过设置＿＿＿＿＿＿＿属性实现相机使用模式的切换。

（4）地图组件中的＿＿＿＿＿＿＿、＿＿＿＿＿＿＿属性分别用于设置经度和纬度。

2．选择题

（1）下列不属于小程序表单组件的是（　　　　）。

    A．input   B．button   C．checkbox   D．text

（2）下列用于设置地图标记的属性是（　　　　）。

    A．scale   B．markers   C．circles   D．rotate

（3）下列不属于checkbox组件和radio组件属性的是（　　　　）。

    A．value   B．selected   C．disabled   D．color

< 140 >

第10章 微信小程序核心 API

本章学习目标

- 理解 API 的基本概念。
- 掌握微信小程序核心 API 的用法。

小程序的组件是通过属性以及事件回调函数来控制页面上元素的表现和交互行为的, 但是组件的属性和事件只能控制页面元素的静态表现。如果想要频繁、动态地控制页面元素的表现, 应该用哪种方式操作呢?

微信小程序为开发者提供了一系列 API 模块, 开发者可以通过小程序的 API 使用微信客户端的硬件调用能力以及丰富的开放能力, 例如发起网络请求、文件的上传下载、本地缓存数据等操作都可以使用小程序的 API 来实现。本章将详细介绍微信小程序中提供的 API 模块, 并通过这些模块完成更加复杂的小程序开发。

10.1 微信小程序 API 介绍

微信小程序 API
介绍

在学习微信小程序的 API 模块之前, 先来了解一下什么是 API。API (Application Programming Interface) 是指一些预先定义的应用程序接口, 或者是指软件系统中不同模块之间衔接的约定。在实际项目开发中 API 通常有两种含义: 一种是项目中预先定义好的实现一系列特定功能的函数; 另一种是在 B/S 架构下的 HTTP 接口, 客户端发送 HTTP 请求, 调用服务端的功能后再得到执行结果的响应。在微信小程序开发中, 小程序 API 指的是微信小程序平台提供的实现某些功能的函数, 开发者可以调用这些函数快速满足项目需求。

微信小程序一共提供了九大模块的 API 函数, 下面对这 9 个模块分别进行介绍。

- 基础模块: 提供了获取设备系统信息的功能。
- 网络模块: 提供发送 HTTP 网络请求, 实现文件上传下载, 并且可以实现 WebSocket、TCP、UDP 等通信功能。
- 路由模块: 提供了 API 的页面跳转方式。
- 界面模块: 提供了用户界面交互的能力。
- 媒体模块: 提供了音/视频、图片、地图的 API 调用能力。
- 文件模块: 提供了访问设备系统文件列表及保存文件的能力。
- 设备模块: 提供了访问设备蓝牙、WiFi、NFC、定位, 以及操作屏幕、键盘、陀螺仪等设备传感器的能力。
- 数据缓存模块: 供了本地数据缓存的能力。
- 开放接口模块: 提供了获取用户信息、授权、生物认证等数据信息, 以及操作收藏、转发等微信开放能力。

在上面的小程序 API 中，开放接口的 API 是微信平台为开发者提供的最为重要的一个核心功能模块。开发者可以通过微信开放接口 API 获取大部分的微信开放能力，例如微信支付功能、微信安全登录授权、客服消息、模板消息等功能。

微信小程序 API 接口的使用有一个约定俗成的规则，就是所有的 API 函数都要使用名为 wx 的全局对象调用。用于监听事件的函数都是以 "on" 开头，例如 wx.onLocationChange()监听实时地理位置变化的事件；用于获取数据的函数都是以 "get" 为函数名的前缀；用于设置数据的函数都是以 "set" 为函数名前缀。函数的参数也都是 Object 类型的配置对象，大部分的 API 函数都提供了异步和同步两种操作方式，并且提供一个名为 success 的成功回调函数和名为 fail 的失败回调函数。

10.2 获取设备与系统信息

10.2.1 获取窗口信息

小程序的基础 API 中提供了 wx.getWindowInfo()方法，以方便开发者快速获取当前窗口的基本信息。该方法返回 Object 类型对象，返回窗口对象的信息如表 10.1 所示。

表 10.1 返回窗口对象的信息

字段名	类型	说明
pixelRatio	number	设备像素比
screenWidth	number	屏幕宽度，单位为 px
screenHeight	number	屏幕高度，单位为 px
windowWidth	number	可使用窗口宽度，单位为 px
windowHeight	number	可使用窗口高度，单位为 px
statusBarHeight	number	状态栏的高度，单位为 px
safeArea	Object	在竖屏正方向下的安全区域
screenTop	number	窗口上边缘的 y 值

获取小程序窗口信息的示例代码如例 10.1 所示。

【例 10.1】获取小程序窗口信息。

```
// index.js
Page({
  onReady() {
    const windowInfo=wx.getWindowInfo()
    console.log(windowInfo.pixelRatio)        // 设备像素比
    console.log(windowInfo.screenWidth)       // 屏幕宽度
    console.log(windowInfo.screenHeight)      // 屏幕高度
    console.log(windowInfo.windowWidth)       // 可使用窗口宽度
    console.log(windowInfo.windowHeight)      // 可使用窗口高度
    console.log(windowInfo.statusBarHeight)   // 状态栏的高度
    console.log(windowInfo.safeArea)          // 在竖屏正方向下的安全区域
    console.log(windowInfo.screenTop)         // 窗口上边缘的 y 值
```

< 142 >

```
      }
})
```

10.2.2　获取设备信息

微信小程序 API 提供了两种获取设备信息的函数：一种是 wx.getDeviceInfo()（获取设备的基础信息），开发者可以利用它获取设备的品牌、操作系统及设备型号等信息；另一种是 wx.getSystemSetting()（获取设备的配置信息），开发者可以利用它获取设备的蓝牙开关状态、地理位置开关状态、WiFi 开关状态及当前的设备方向是竖屏还是横屏等设备的配置信息。

小程序获取设备信息的示例代码如例 10.2 所示。

【例 10.2】获取小程序的设备信息。

```
// index.js
Page({
  onReady(){
    // 获取设备的基础信息
    const deviceInfo=wx.getDeviceInfo()
    console.log(deviceInfo.abi)                    // 二进制接口类型
    console.log(deviceInfo.benchmarkLevel)         // 设备性能等级
    console.log(deviceInfo.brand)                  // 设备品牌
    console.log(deviceInfo.model)                  // 设备型号
    console.log(deviceInfo.platform)               // 客户端平台
    console.log(deviceInfo.system)                 // 操作系统及版本
    // 获取设备的配置信息
    const systemSetting=wx.getSystemSetting()
    console.log(systemSetting.bluetoothEnabled)    // 蓝牙开关状态
    console.log(systemSetting.deviceOrientation)   // 设备方向
    console.log(systemSetting.locationEnabled)     // 地理位置开关状态
    console.log(systemSetting.wifiEnabled)
  }
})
```

10.2.3　获取系统信息

通过微信小程序获取用户的系统信息可以利用异步函数和同步函数实现。异步获取系统信息使用 wx.getSystemInfo()方法，同步获取系统信息使用 wx.getSystemInfoSync()方法。

异步获取系统信息的示例代码如例 10.3 所示。

【例 10.3】异步获取系统信息。

```
// index.js
Page({
  onReady(){
    wx.getSystemInfo({
      success(res){
        console.log(res.brand)                     // 设备品牌
        console.log(res.model)                     // 设备型号
        console.log(res.pixelRatio)                // 设备像素比
```

< 143 >

```
      console.log(res.windowWidth)      // 可使用窗口宽度
      console.log(res.windowHeight)     // 可使用窗口高度
      console.log(res.language)         // 微信设置的语言
      console.log(res.version)          // 微信版本号
      console.log(res.platform)         // 客户端平台
    }
  })
 }
})
```

同步获取系统信息的示例代码如例 10.4 所示。

【例 10.4】同步获取系统信息。

```
// index.js
Page({
  onReady(){
    try {
      const res=wx.getSystemInfoSync()
      console.log(res.model)
      console.log(res.pixelRatio)
      console.log(res.windowWidth)
      console.log(res.windowHeight)
      console.log(res.language)
      console.log(res.version)
      console.log(res.platform)
    } catch (e) {
      // Do something when catch error
    }
  }
})
```

10.2.4　获取微信应用信息

微信小程序提供了获取微信 App 基础信息的函数，开发者可以通过 wx.getAppBaseInfo()方法获取用户当前使用的微信 App 的基础库版本、宿主环境、微信设置的语言、微信版本号等基础信息。

获取微信 App 基础信息的示例代码如例 10.5 所示。

【例 10.5】获取微信 App 基础信息。

```
// index.js
Page({
  onReady(){
    const appBaseInfo=wx.getAppBaseInfo()
    console.log(appBaseInfo.SDKVersion)      // 获取客户端基础库版本
    console.log(appBaseInfo.enableDebug)     // 是否已打开调试
    console.log(appBaseInfo.host)            // 获取小程序运行的宿主环境
    console.log(appBaseInfo.language)        // 获取微信设置的语言
    console.log(appBaseInfo.version)         // 获取微信版本号
    console.log(appBaseInfo.theme)           // 获取系统当前主题
  }
})
```

< 144 >

10.3　网络请求

网络请求

10.3.1　发送 HTTPS 请求

小程序提供了 wx.request()方法用于发起 HTTPS 的网络请求。在小程序中向后端服务器请求数据时，可以使用 wx.request()方法在小程序应用内发起 HTTPS 网络请求。如果想要使用小程序 API 中的网络请求函数，开发者需要先了解小程序网络请求函数的使用规则。

在小程序应用中发起的网络请求，其地址必须为域名，并且该域名要在微信公众平台的开发设置中进行配置，小程序只可以跟指定的域名地址进行网络通信（云函数中除外）。在配置小程序的通信域名时，域名仅支持 HTTPS 和 WSS 协议，而且不能使用 IP 地址或者 localhost。配置的域名必须要完成 ICP 备案，如果配置了端口，访问时也必须要按照配置好的端口访问。

wx.request()方法的参数是一个 Object 类型的对象，该参数对象的信息如表 10.2 所示。

表 10.2　request()参数对象的信息

字段名	类型	说明
url	string	开发者或第三方服务器接口地址
data	string/object/ArrayBuffer	请求的参数
header	Object	设置请求头，header 中不能设置 Referer
timeout	number	超时时间，单位为 ms
method	string	HTTP 请求方法
dataType	string	返回的数据格式
responseType	string	响应的数据类型
enableHttp2	boolean	是否开启 http2
enableQuic	boolean	是否开启 quic
enableCache	boolean	是否开启 cache
enableHttpDNS	boolean	是否开启 HttpDNS 服务
httpDNSServiceId	string	HttpDNS 服务商 ID
enableChunked	boolean	是否开启 transfer-encoding chunked
success	function	接口调用成功的回调函数
fail	function	接口调用失败的回调函数
complete	function	接口调用结束的回调函数

使用 wx.request()方法发起 HTTPS 网络请求的示例代码如例 10.6 所示。

【例 10.6】发起 HTTPS 网络请求。

```
// index.js
Page({
  onReady(){
    wx.request({
      url: '',   // https 地址
      data: {},  // 请求参数
      header: {  // 请求头信息
        'content-type': 'application/json'
```

< 145 >

```
    },
    success(res){
      // res 为请求成功后的响应对象
      console.log(res);
    }
  })
  }
})
```

10.3.2 上传与下载

小程序中上传和下载所发起的网络请求规则与 wx.request()方法遵循的规则相同，请求的网络地址必须采用 HTTPS 协议，并且是在微信公众平台中已经完成了服务器域名配置的。

小程序 API 中提供了两个方法：一个方法是 wx.downloadFile()，用于下载服务端的网络资源到用户的客户端本地，客户端直接发起一个 HTTPS GET 请求，返回文件的本地临时路径（本地路径），单次下载允许的最大文件为 200MB，最大并发限制为 10 个；另一个方法是 wx.uploadFile()，用于将本地资源上传到服务器，客户端发起一个 HTTPS POST 请求到服务器，请求头中的 content-type 要配置为 multipart/form-data。

小程序中下载文件到客户端本地的示例代码如例 10.7 所示。

【例 10.7】下载文件。

```
// index.js
Page({
  onReady(){
    wx.downloadFile({
      url: '', // 要下载文件的 URL 地址
      success(res){
        // res 为响应对象
        if(res.statusCode===200){
          wx.playVoice({
            filePath: res.tempFilePath
          })
        }
      }
    })
  }
})
```

上面示例代码中，发起下载文件的网络请求后，只要服务器有响应数据，就会把响应内容写入文件并进入 success 回调，业务需要自行判断是否下载到了想要的内容。

小程序中上传文件到服务器的示例代码如例 10.8 所示。

【例 10.8】上传文件。

```
// index.js
Page({
  onReady(){
    wx.chooseImage({
      success(res){
        const tempFilePaths=res.tempFilePaths
        wx.uploadFile({
          url: '',              // 要上传的服务器接口地址
          filePath: tempFilePaths[0], // 要上传文件资源的路径
```

< 146 >

```
    name: 'file',      // 文件对应的 key
    formData: {        // HTTPS 请求中的额外参数
      'user': 'test'
    },
    success(res){
      // res 为上传成功后的响应对象
      const data=res.data
    }
  })
    }
  })
  }
})
```

10.4　路由与跳转

路由与跳转

　　微信小程序的组件中提供了 navigator 组件用于页面之间的跳转，但是在某些特殊的需求下仅使用 navigator 组件是无法满足的，例如用户在点击底部 tab 栏的"购物车"选项时，程序需要先判断用户是否已经安全登录，如果用户没有登录，需要先跳转到登录页面完成登录流程后才能查看购物车信息；如果用户已经登录了，这时可以直接跳转到购物车页面。如果要实现这种先判断后跳转的功能，就需要使用小程序提供的路由模块 API 函数来完成相关的功能。

10.4.1　小程序内页面跳转

　　小程序内的页面路由跳转 API 与 navigator 组件实现的功能基本相同，跳转方式也是一样的。小程序内提供了以下 5 种页面跳转方式。

- wx.switchTab()：跳转到 tabBar 页面，并关闭其他所有非 tabBar 页面。
- wx.reLaunch()：关闭所有页面，打开到应用内的某个页面。
- wx.redirectTo()：关闭当前页面，跳转到应用内的某个页面，但是不允许跳转到 tabBar 页面。
- wx.navigateTo()：保留当前页面，跳转到应用内的某个页面。
- wx.navigateBack()：关闭当前页面，返回上一页面或多级页面。

　　除了 wx.navigateTo()方法之外，其他的路由跳转方法都不能保留当前页面，在小程序的页面栈中最多可以保留 10 层页面对象。所有的页面路由跳转方法可以传入一个路由信息对象，并在对象的 url 字段中填写要跳转的页面地址，如果跳转成功会触发 success 回调函数，跳转失败则会触发 fail 回调函数。

　　小程序的 tabBar 页面比较特殊，路由跳转 API 中只有两个方法可以跳转到 tabBar 页面，它们分别是 wx.reLaunch()方法和 wx.switchTab()方法。小程序中的页面路由跳转示例代码如例 10.9 所示。

　　【例 10.9】页面路由跳转。

```
// index.wxml
<button bindtap="onNavigateTo">
    保留当前页面跳转
</button>
<button bindtap="onRedirectTo">
```

< 147 >

　　关闭当前页面跳转
</button>
<button bindtap="onReLaunch">
　　关闭所有页面跳转
</button>
<button bindtap="onSwitchTab">
　　仅跳转到 tab 页面
</button>

```
// index.js
Page({
  onNavigateTo(){
    wx.navigateTo({
      url: '../logs/logs',
      success(){
        console.log('跳转成功');
      },
      fail(){
        console.log('跳转失败');
      }
    })
  },
  onRedirectTo(){
    wx.redirectTo({
      url: '../logs/logs',
      success(){},
      fail(){}
    })
  },
  onReLaunch(){
    wx.reLaunch({
      url: '../logs/logs',
      success(){},
      fail(){}
    })
  },
  onSwitchTab(){
    wx.switchTab({
      url: '/pages/my/my',
      success(){},
      fail(){}
    })
  }
})
```

10.4.2　小程序应用间跳转

　　微信小程序中还提供了打开其他小程序应用的功能，小程序 API 中 4 个用于小程序应用之间跳转的方法分别如下。

- wx.openEmbeddedMiniProgram()：打开半屏小程序。
- wx.navigateToMiniProgram()：打开另一个小程序。
- wx.navigateBackMiniProgram()：返回到上一个小程序。

< 148 >

- wx.exitMiniProgram()：退出当前小程序。

这 4 个方法中都可以传入一个对象类型的参数，在对象中可以定义 success 跳转成功回调函数和 fail 跳转失败回调函数。

在当前小程序中打开其他小程序的示例代码如例 10.10 所示。

【例 10.10】打开其他小程序。

```
// index.js
Page({
  onReady(){
    wx.navigateToMiniProgram({
      appId: '', // 小程序唯一标识
      path: 'page/index/index?id=123', // 要打开的页面
      extraData: {
        foo: 'bar'
      },
      envVersion: 'develop',
      success(res){
        …// 打开成功
      }
    })
  }
})
```

10.5　界面交互与反馈

10.5.1　页面弹框

弹框是一种常见的用户界面交互场景，小程序 API 提供了以下 4 种用于用户界面交互操作与操作反馈的弹框类型。

- wx.showToast()：显示页面消息轻提示弹框。
- wx.showModal()：显示页面模态对话框。
- wx.showLoading()：显示 loading 加载的提示框。
- wx.showActionSheet()：显示底部操作菜单。

小程序页面内消息轻提示弹框会在指定的时间内自动消失，示例代码如例 10.11 所示。

【例 10.11】消息轻提示弹框。

```
// index.js
Page({
  onReady(){
    wx.showToast({
      title: '页面加载成功',    // 提示的内容
      icon: 'success',         // 图标
      duration: 3000           // 提示延迟时间
    })
  }
})
```

上面代码运行后的页面显示效果如图 10.1 所示。

< 149 >

模态对话框可以用于收集页面中的用户操作反馈。在 wx.showModal()方法的参数中可以设置 editable 属性值为 true，弹出的模态对话框就会显示一个输入框，用以收集用户填写的信息，示例代码如例 10.12 所示。

【例 10.12】页面模态对话框。

```javascript
// index.js
Page({
  onReady(){
    wx.showModal({
      title: '反馈',
      editable: true,                    // 提示的内容
      placeholderText: '请输入',          // 是否显示输入框
      success(res){
        if(res.confirm){
          // 用户点击"确定"按钮
          console.log(res.content)        // 用户输入内容
        } else if(res.cancel){
          // 用户点击"取消"按钮
        }
      }
    })
  }
})
```

上面代码运行后的页面显示效果如图 10.2 所示。

图 10.1 页面消息轻提示弹框

图 10.2 模态对话框效果

页面加载提示框的示例代码如例 10.13 所示。

【例 10.13】加载提示框。

```javascript
// index.js
Page({
  onReady(){
    wx.showLoading({
      title: '加载中',
    })
    setTimeout(function(){
      wx.hideLoading()
    }, 2000)
  }
})
```

上面代码运行后的页面显示效果如图 10.3 所示。

底部操作菜单的示例代码如例 10.14 所示。

< 150 >

【例 10.14】底部操作菜单。

```
// index.js
Page({
  onReady(){
    wx.showActionSheet({
      itemList: ['A', 'B', 'C'],
      success(res){
        console.log(res.tapIndex)
      },
      fail(res){
        console.log(res.errMsg)
      }
    })
  }
})
```

上面代码运行后的页面显示效果如图 10.4 所示。

图 10.3　加载提示框效果

图 10.4　底部操作菜单效果

10.5.2　下拉刷新

　　页面的下拉刷新操作功能需要通过小程序的 API 函数与页面监听事件函数相互配合才能完成。小程序中提供了 wx.startPullDownRefresh()方法用于触发页面的下拉效果，调用该方法后会触发下拉刷新的动画，效果与用户手动下拉刷新一致。在下拉动画展示的过程中也同时发送了一个异步的 HTTPS 请求来获取服务器端的数据，请求结束后再调用微信小程序 API 中的 wx.stopPullDownRefresh()方法来停止当前页面下拉刷新。

　　当用户在页面中做下拉操作时，小程序并不会自动调用这两个 API 方法，而是需要先在当前页面的 JSON 配置文件中开启当前页面的下拉刷新功能。当监听到页面的下拉操作时，会触发 Page 构造器参数中定义的 onPullDownRefresh()方法，onPullDownRefresh()方法中编写了开始下拉刷新动画和停止下拉刷新动画的代码。

　　小程序页面中使用下拉刷新操作的示例代码如例 10.15 所示。

　　【例 10.15】下拉刷新。

```
// index.json
{
```

< 151 >

```
  "enablePullDownRefresh": true
}

// index.js
Page({
  onPullDownRefresh(){
    // 执行开始下拉刷新动画
    wx.startPullDownRefresh()
    // 发送网络请求
    wx.request({
      url: 'url',
      data: {},
      success(){},
      fail(){},
      complete(){
        // 执行结束下拉刷新动画
        wx.stopPullDownRefresh()
      }
    })
  }
})
```

如果在当前页面的JSON配置文件中设置了 enablePullDownRefresh 属性值为 true，即使没有调用 wx.startPullDownRefresh()方法，页面也会有下拉刷新的动画效果。执行下拉刷新的页面动画效果如图 10.5 所示。

图 10.5　下拉刷新动画效果

10.6　多媒体

小程序中为媒体操作提供了一系列的 API 方法，如地图操作、图片操作、音/视频操作、相机操作、实时语音、画面录制、视频解码等。在这些操作中，图片操作与相机操作的使用频率最高，通常会使用相机功能拍照或扫码。如果使用相机拍照，拍照完成后需要进行图片编辑，然后将编辑好的图片保存至客户端本地。

很多项目中都会使用到相机功能，但不一定会使用到实时语音和画面录制等功能。因此，这里以相机的操作为例介绍小程序中多媒体接口的使用。

在小程序中使用相机需要先创建 camera 上下文 CameraContext 对象，小程序 API 中提供了 wx.createCameraContext()方法，该方法返回 CameraContext 对象。CameraContext 实例又提供了以下几个用于操作相机的方法。

- CameraContext.onCameraFrame(onCameraFrameCallback callback)：用于获取 Camera 实时帧数据。
- CameraContext.takePhoto(Object object)：用于拍摄照片。
- CameraContext.setZoom(Object object)：用于设置缩放级别。
- CameraContext.startRecord(Object object)：用于开始屏幕录像。
- CameraContext.stopRecord(Object object)：用于结束屏幕录像。

使用相机拍摄照片时，除了要创建 CameraContext 对象外，还需要借助 camera 组件，示例代码如

< 152 >

例 10.16 所示。

【例 10.16】拍摄照片。

```
// index.wxml
<camera
    device-position="back"
    flash="off"
    binderror="error"
    style="width: 100%; height: 300px;">
</camera>
<button
    type="primary"
    bindtap="takePhoto"
    >拍照</button>
<view>预览</view>
<image mode="widthFix" src="{{src}}"></image>

// index.js
Page({
  takePhoto(){
    const ctx=wx.createCameraContext()
    ctx.takePhoto({
      quality: 'high',                   // 成像质量
      success: (res)=>{
        this.setData({
          src: res.tempImagePath
        })
      }
    })
  },
  error(e){
    console.log(e.detail)
  }
})
```

10.7 文件系统

小程序具有操作设备系统文件的功能，为开发者提供了以下几种操作文件的方法。

- wx.saveFile()：保存文件到本地。
- wx.removeSavedFile()：删除本地缓存文件。
- wx.openDocument()：在新页面打开文档。
- wx.getSavedFileList()：获取该小程序下已保存的本地缓存文件列表。
- wx.getSavedFileInfo()：获取本地文件的文件信息。
- wx.getFileSystemManager()：获取全局唯一的文件管理器。
- wx.getFileInfo()：获取文件信息。

这些操作系统文件的方法都可以传入一个 Object 类型的参数，参数中的 filePath 表示要查看或打开的文件路径。在参数中还提供了 success 方法和 fail 方法。文件系统的 API 方法与其他 API 方法的使用方式相同，都是使用 wx 对象进行调用。以获取本地文件信息为例，示例代码如例 10.17 所示。

< 153 >

【例10.17】获取本地文件信息。

```
// index.wxml
Page({
  onReady(){
    wx.getSavedFileList({
      success(res){
        console.log(res.fileList)
      }
    })
  }
})
```

10.8 设备传感器调用

小程序提供了一系列调用客户端设备的API函数，开发者可以通过这些函数使用设备中的蓝牙、NFC、WiFi、日历、联系人、电量、剪贴板、网络、加密、屏幕、键盘、电话、加速计、罗盘、设备方向、陀螺仪、内存、扫码、振动等功能，数百个API方法。下面以使用最频繁的网络监听API方法为例，讲解在小程序中是如何操作设备的。

小程序提供了wx.onNetworkStatusChange()方法用于监听手机的网络状态变化。网络状态变化后，该方法需要对用户做出相应的提示，例如用户在小程序中观看视频时，网络状态由WiFi切换成了4G网络，这时就需要弹框提示用户是否继续使用流量播放视频。在该方法中可以通过回调函数的参数获取发生变化的网络类型，示例代码如例10.18所示。

【例10.18】监听网络变化。

```
// index.wxml
Page({
  onLoad(){
    wx.onNetworkStatusChange(function(res){
      if(res.networkType==='none'){
        wx.showToast({
          title: '没有网络',
          icon: 'error'
        })
      } else if(res.networkType!=='wifi'){
        wx.showModal({
          title: '提示',
          content: `当前在使用${res.networkType}流量，是否继续播放？`,
          success(res){
            if(res.confirm){
              // 继续播放
            } else if(res.cancel){
              // 暂停播放
            }
          }
        })
      }
    })
  }
})
```

< 154 >

当小程序的网络连接从 WiFi 切换到 4G 网络时，会对用户进行弹框提示，然后根据用户反馈的信息做下一步操作。切换网络状态时的弹框提示效果如图 10.6 所示。

图 10.6 切换网络时的弹框提示

10.9 本地数据缓存

小程序中的数据是缓存在客户端本地的，当用户更换设备后将无法同步之前的缓存数据。小程序 API 提供了以下 12 个数据操作的方法。

- wx.setStorageSync(string key, any data)：将数据存储在本地缓存中指定的 key 中。
- wx.setStorage(Object object)：将数据存储在本地缓存中指定的 key 中。
- wx.revokeBufferURL(string url)：根据 URL 销毁存储在内存中的数据。
- wx.removeStorageSync(string key)：从本地缓存中同步移除指定 key。
- wx.removeStorage(Object object)：从本地缓存中异步移除指定 key。
- wx.getStorageSync(string key)：从本地缓存中同步获取指定 key 的内容。
- wx.getStorageInfoSync()：同步获取当前 storage 的相关信息。
- wx.getStorageInfo(Object object)：异步获取当前 storage 的相关信息。
- wx.getStorage(Object object)：从本地缓存中异步获取指定 key 的内容。
- wx.createBufferURL(ArrayBuffer|TypedArray buffer)：根据传入的 buffer 创建唯一的 URL 存在内存中。
- wx.clearStorageSync()：同步清理本地数据缓存。
- wx.clearStorage(Object object)：异步清理本地数据缓存。

小程序中本地缓存数据操作示例代码如例 10.19 所示。

【例 10.19】本地缓存数据操作。

```
// index.wxml
<view class="todos-container">
    <view>
        <input placeholder="请输入" bindconfirm="onSubmit"></input>
    </view>
    <view class="list-title">列表: </view>
    <view class="item" wx:for="{{list}}" wx:key="index">
        {{item}}
        <view class="remove-btn">×</view>
    </view>
</view>

// index.js
Page({
  data: {
    list: []
  },
  onLoad(){
    // 获取本地缓存数据
    const list=wx.getStorageSync('key')
    if(list){
```

< 155 >

```
      this.setData({ list })
    }
  },
  onSubmit(event){
    const list=this.data.list
    list.push(event.detail.value)
    this.setData({
      list
    }, ()=>{
      wx.setStorageSync('list', this.data.list)
    })
  }
})

// index.wxss
.todos-container {
    padding: 30rpx;
}
input {
    border: 1px solid #ccc;
    height: 80rpx;
}
.list-title {
    margin: 30rpx 0rpx;
}
.item {
    margin: 30rpx  0rpx;
    padding: 0px 40rpx;
    display: flex;
    align-items: center;
    justify-content: space-between;
}
.remove-btn {
    color: #f56;
}
```

上面代码运行后会在小程序页面中显示一个输入框和信息列表。用户在输入框中填写完信息并点击移动设备键盘上的"完成"按钮时，会将数据追加到 list 数组中，并同时保存到客户端的本地缓存中。用户输入信息后的页面效果如图 10.7 所示。

此时在微信开发者工具的控制台中，可以查看本地缓存的数据，效果如图 10.8 所示。

图 10.7　用户输入信息的效果

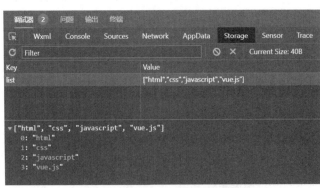

图 10.8　控制台显示的数据缓存效果

< 156 >

在 Page 构造器参数中定义 onLoad 生命周期方法，并在每次加载页面时获取本地缓存的数据，这样就实现了本地数据的缓存功能。

10.10　本章小结

本章主要介绍了微信小程序提供的一系列 API 方法，开发者可以通过这些 API 方法快速实现发送网络请求、界面交互、路由跳转、调用设备传感器等功能。熟练掌握小程序 API 方法，可以让开发者开发出功能更加强大的小程序。

10.11　习题

1．填空题

（1）小程序应用中发送网络请求只能使用_____协议的域名。

（2）小程序页面栈中最多只能保存_____层页面对象。

（3）页面的 JSON 文件中配置_____属性可以开启下拉刷新功能。

2．选择题

（1）下列不属于小程序数据缓存操作方法的是（　　）。

  A．wx.setStorageSync( )   B．wx.revokeBufferURL( )

  C．wx.getStorage( )   D．wx.removeSessionStorage( )

（2）下列不属于网络请求 API 方法的是（　　）。

  A．wx.request( )   B．wx.downloadFile( )

  C．wx.uploadFile( )   D．wx.ajax( )

（3）下列可以跳转到 tab 页面的方法是（　　）。

  A．wx.switchTab( ) B．wx.redirectTo( ) C．wx.navigateTo( ) D．wx.navigateBack( )

< 157 >

第11章　微信小程序开放能力

本章学习目标
- 理解微信提供的开放能力接口。
- 掌握微信开放接口 API 的用法。

微信小程序提供了九大模块的 API 接口，其中微信的开放能力接口是所有 API 中最为重要的一部分。开发者可以通过微信开放接口 API，依托微信客户端的原生功能快速实现应用服务的闭环。本章将介绍微信开放接口 API 的部分功能和使用方法。

11.1　微信登录与授权

11.1.1　小程序登录流程

在日常使用的应用程序中都会涉及用户注册与登录操作，那么在小程序中如何实现用户注册与登录呢？微信小程序提供了一整套的登录流程。用户登录过程中，进行前后端交互的不仅仅是小程序和项目的服务器端，还涉及微信的服务器端。小程序可以通过微信平台提供的登录功能方便地获取微信用户身份标识，快速建立小程序内的用户体系。微信登录流程时序如图 11.1 所示。

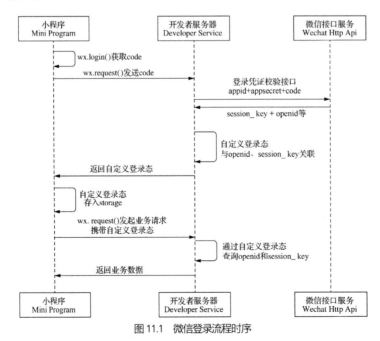

图 11.1　微信登录流程时序

通过图 11.1 所示的微信登录流程时序，可以看到在调用 wx.login()方法后可以获取临时登录凭证 code，并回传到开发者的服务器端，也就是当前项目的服务器端。当开发者调用了 auth.code2Session() 接口，可以获取用户唯一标识 OpenID，以及用户在微信开放平台账号下的唯一标识 UnionID 和会话密钥 session_Key 等信息。之后开发者服务器可以根据用户标识来生成自定义登录态，用于后续业务逻辑中前后端交互时识别用户身份。

会话密钥 session_key 是对用户数据进行加密签名的密钥。为了应用自身的数据安全，开发者服务器应严禁把会话密钥下发到小程序，也不要对外提供这个密钥，而且用户获取的用户临时登录凭证 code 只能使用一次。

11.1.2 小程序授权管理

微信开放能力的部分接口需要经过用户授权同意后才能调用。把这些接口按使用范围分成多个 scope 类型的对象，用户选择对 scope 来进行授权，当授权给一个 scope 之后，其对应的所有接口都可以直接使用。scope 类型的对象、对应接口及相关说明如表 11.1 所示。

表 11.1 scope 类型的对象、对应接口及相关说明

scope 类型对象	对应的接口	说明
scope.userLocation	wx.getLocation wx.chooseLocation wx.startLocationUpdate	获取地理位置授权
scope.userLocationBackground	wx.startLocationUpdateBackground	获取后台定位授权
scope.record	wx.startRecord wx.joinVoIPChat RecorderManager.start	获取麦克风授权
scope.camera	camera 组件 wx.createVKSession	获取摄像头授权
scope.bluetooth	wx.openBluetoothAdapter wx.createBLEPeripheralServer	获取蓝牙授权
scope.writePhotosAlbum	wx.saveImageToPhotosAlbum wx.saveVideoToPhotosAlbum	授权添加到相册
scope.addPhoneContact	wx.addPhoneContact	授权添加到联系人
scope.addPhoneCalendar	wx.addPhoneRepeatCalendar wx.addPhoneCalendar	授权添加到日历
scope.werun	wx.getWeRunData	获取微信运动步数授权

开发者可以使用 wx.getSetting 获取用户当前的授权状态，还可以使用 wx.authorize 在调用需用户授权的 API 之前，提前向用户发起授权请求。开发者在调用 scope 类型的接口进行用户授权时，会遇到以下几种情况。

- 如果用户未接受或拒绝过此权限，会弹窗询问用户，用户点击"同意"后方可调用接口。
- 如果用户已授权，可以直接调用接口。
- 如果用户已拒绝授权，则不会出现弹窗，而是直接进入接口 fail 回调。

一旦用户明确同意或拒绝过授权请求，其授权关系会记录在后台，直到用户主动删除小程序。在真正需要使用授权接口时，才向用户发起授权申请，并在授权申请中说清楚要使用该功能的理由。

11.1.3 开放数据校验与解密

在开发微信小程序的项目时，开发者可以在前端通过接口获取微信提供的开放数据，也可以在项

< 159 >

目的服务器端获取微信开放数据。微信提供了以下两种获取方式。

一种方式是开发者通过后台校验与解密开放数据，微信会对这些开放数据做签名和加密处理。开发者在后台拿到开放数据后可以对数据进行校验签名和解密，来保证数据不被篡改。

另一种方式是通过微信提供的云开发功能，在云调用中直接获取开放数据。如果接口涉及敏感数据，接口的明文内容将不包含这些敏感数据，而是在返回的接口中包含对应敏感数据的 cloudID 字段；数据可以通过云函数获取。开发者可以先获取 cloudID，然后在调用云函数时传入 data 参数，如果 data 对象的字段中有通过 wx.cloud.CloudID 构造的 CloudID，那么在调用云函数时这些字段的值就会被替换成 cloudID 对应的开放数据。

11.2 获取用户信息

微信小程序 API 提供了 wx.getUserProfile()方法用于获取用户的基本信息，该方法可以传入 Object 类型的对象参数，参数对象中的 success 为接口调用成功时的回调函数。开发者可以通过 success 回调函数的参数对象中的 userInfo 字段获取用户信息。userInfo 对象的属性及相关说明如表 11.2 所示。

表 11.2　userInfo 对象的属性及相关说明

属性	类型	说明
nickName	string	用户昵称
avatarUrl	string	用户头像图片的 URL
gender	number	用户性别，1 代表男性，2 代表女性，0 代表未知
country	string	用户所在国家
province	string	用户所在省份
city	string	用户所在城市
language	string	显示 country、province、city 所用的语言

微信小程序中获取用户基本信息的示例代码如例 11.1 所示。

【例 11.1】获取用户基本信息。

```
// index.wxml
<view class="container">
  <view class="userinfo">
    <block wx:if="{{!hasUserInfo}}">
      <button
      wx:if="{{canIUseGetUserProfile}}"
      bindtap="getUserProfile"
    > 获取头像昵称 </button>
      <button
      wx:else
      open-type="getUserInfo"
      bindgetuserinfo="getUserInfo"
    >获取头像昵称 </button>
    </block>
    <block wx:else>
      <view class="user-message">
        <image
          bindtap="bindViewTap"
```

< 160 >

```
                class="userinfo-avatar"
                src="{{userInfo.avatarUrl}}"
                mode="cover"
            ></image>
            <text class="userinfo-nickname">
                {{userInfo.nickName}}
            </text>
        </view>
    </block>
  </view>
</view>

// index.js
Page({
  data: {
    userInfo: {},
    hasUserInfo: false,
    canIUseGetUserProfile: false,
  },
  onLoad(){
    if (wx.getUserProfile){
      this.setData({
        canIUseGetUserProfile: true
      })
    }
  },
  getUserProfile(e){
    wx.getUserProfile({
      desc: '用于完善会员资料',
      success: (res)=>{
        this.setData({
          userInfo: res.userInfo,
          hasUserInfo: true
        })
      }
    })
  },
  getUserInfo(e){
    this.setData({
      userInfo: e.detail.userInfo,
      hasUserInfo: true
    })
  },
})

// index.wxss
.container {
    padding: 30rpx;
    height: 100%;
    width: 100%;
    display: flex;
    flex-direction: column;
    justify-content: center;
    align-items: center;
}
```

< 161 >

```
.user-message {
    display: flex;
    flex-direction: column;
    justify-content: center;
    align-items: center;
}
.userinfo-avatar {
    width: 300rpx;
    height: 300rpx;
    border-radius: 50%;
    margin: 50rpx 0rpx;
}
```

上面代码运行后的页面显示效果如图 11.2 所示。

单击页面中的"获取头像昵称"按钮时，会弹出用户授权提示框，效果如图 11.3 所示。

图 11.2　小程序首页显示效果　　　　　图 11.3　用户授权弹框

图 11.4　授权后的页面效果

用户在授权提示框中单击"允许"按钮后即完成授权，授权后的页面显示效果如图 11.4 所示。

在某些场景下需要获取用户的手机号码，为了安全考虑，微信小程序基础库 2.21.2 版本以后对获取手机号码的接口进行了安全升级。因为需要用户主动触发才能发起获取手机号码接口，所以该功能不由 API 来调用，而是用 button 组件的点击行为来触发。将 button 组件 open-type 的值设置为 getPhoneNumber，当用户点击并同意之后，可以通过 bindgetphonenumber 事件回调获取到动态令牌 code，然后把 code 传到开发者后台，并在开发者后台调用微信后台提供的 phonenumber.getPhoneNumber 接口，"消费" code 来获取用户手机号码。每个 code 有效期为 5 分钟，且只能"消费"一次。

获取用户手机号码的示例代码如例 11.2 所示。

【例 11.2】获取用户手机号码。

```
// index.wxml
<button
    open-type="getPhoneNumber"
```

< 162 >

```
      bindgetphonenumber="getPhoneNumber"
></button>

// index.js
Page({
  getPhoneNumber(e){
    console.log(e.detail.code)
  }
})
```

上面代码中 getPhoneNumber() 方法的参数对象中，code 字段为动态令牌，开发者可以通过动态令牌获取用户手机号码。

11.3　微信支付

11.3.1　微信支付介绍

微信支付介绍

微信支付是腾讯旗下的第三方支付平台，一直致力于为用户和企业提供安全、便捷、专业的在线支付服务。它以"微信支付，不止支付"为核心理念，为个人用户提供了多种便民服务和应用场景，为各类企业和小微商户提供专业的收款能力、运营能力、资金结算解决方案及安全保障。企业、商品、门店、用户已经通过微信连在了一起，让智慧生活变成了现实。

微信支付平台提供了很多开放能力，例如商品交易的支付能力、红包/代金券/立减折扣等营销工具、商家资金管理解决方案，以及开放技术能力等。微信支付已经在生活服务、智慧零售、智慧餐饮、智慧出行、教育医疗、政务民生等多个行业领域取得了巨大的成果，助力提升行业效率。

在产品支付能力方面，微信支付提供了多种场景下的支付接口，例如付款码支付、JSAPI 支付、小程序支付、Native 支付、App 支付、刷脸支付等。

11.3.2　微信支付接入

微信支付接入分为很多场景下的支付接入，本小节将以小程序支付接入为例进行介绍。微信支付支持在公众平台注册并完成微信认证的小程序接入支付功能，小程序接入支付功能后，可以通过小程序支付产品来完成在小程序内销售商品或内容时的收款需求。

微信支付接入流程如下。

（1）提交资料

开发者登录微信支付平台，在线提交营业执照图片、身份证件图片、银行账户等基本信息，并按指引完成账户验证。

（2）签署协议

微信支付团队会在 1～2 个工作日内完成审核。审核通过后，完成在线签约，即可体验各项产品功能。

（3）绑定场景

如需自行开发完成收款，需将商户号与 AppID 进行绑定或开通微信收款商业版（免开发）完成收款。

完成以上流程之后就可以在小程序中使用微信支付接口了。商户交易按费率收取服务费，一般与商家选择的经营类目有关，费率为 0.6%～1% 不等。用户打开商家小程序下单，输入支付密码并完成支付后，返回商家小程序，随后通过微信支付公众号发送账单消息。

< 163 >

11.3.3 小程序支付

商户已有微信小程序，用户通过好友分享或扫描二维码在微信内打开商户的小程序时，可以调用微信支付完成下单购买的流程。

用户通过分享或扫描二维码进入商户小程序，用户选择购买，请求微信支付，以完成选购流程，如图 11.5 和图 11.6 所示。

图 11.5　打开商户小程序选购商品

图 11.6　请求微信支付

调出微信支付控件，用户开始输入支付密码，如图 11.7 所示。

密码验证通过，支付成功。商户后台得到支付成功的通知，如图 11.8 所示。

图 11.7　调出微信支付控件

图 11.8　请求支付成功

< 164 >

返回商户小程序，选择是否送给朋友祝福，完成购买，如图 11.9 所示。

微信支付公众号下发支付凭证，效果如图 11.10 所示。

图 11.9 返回商户小程序

图 11.10 下发支付凭证

11.3.4 发起微信支付 API

微信小程序提供了云开发功能，开发者使用云开发来实现相应的支付功能后，无须关心证书、签名、微信支付服务器端文档，使用简单，代码较少，只需要调用相应的函数即可。此外，因为云开发基于微信私有协议实现，微信平台通过服务商提供的支付接口对接支持，不依赖第三方模块，降低了泄露证书、支付情况等其他敏感信息的风险。同时，云开发还支持云函数接收微信支付进行支付和退款的回调，安全、高效。

小程序提供了 wx.requestPayment() 方法用于发起微信支付。在调用该方法之前，开发者需要在小程序的微信公众平台中的微信支付入口申请微信支付。如果使用云开发，则 wx.requestPayment 所需参数可以通过云开发微信支付统一下单接口免鉴权获取、可免证书和免签名地安全调用微信支付服务端接口及接收异步支付结果回调。

wx.requestPayment() 方法可以传入一个 Object 类型的对象参数，微信支付 API 方法的对象参数属性及相关说明如表 11.3 所示。

表 11.3 微信支付 API 方法的对象参数属性及相关说明

属性	类型	默认值	说明
timeStamp	string	—	时间戳
nonceStr	string	—	随机字符串，长度为 32 个字符以下
package	string	—	统一下单接口返回的 prepay_id 参数值
signType	string	MD5	签名算法，应与后台下单时的值一致
paySign	string	—	签名

< 165 >

续表

属性	类型	默认值	说明
success	function	—	接口调用成功的回调函数
fail	function	—	接口调用失败的回调函数
complete	function	—	接口调用结束的回调函数，调用成功、失败都会执行

如果使用云开发，可以通过云开发微信支付统一下单接口免鉴权获取以上所需所有参数，示例代码如例 11.3 所示。

【例 11.3】云函数中发起微信支付。

```javascript
// 云函数代码
const cloud=require('wx-server-sdk')
cloud.init({
  env: cloud.DYNAMIC_CURRENT_ENV
})

exports.main=async(event, context)=>{
  const res=await cloud.cloudPay.unifiedOrder({
    "body" : "XXX 超市",           // 商品描述
    "outTradeNo" : "",             // 商户订单号
    "spbillCreateIp" : "",         // 终端 IP
    "subMchId" : "",               // 子商户号
    "totalFee" : 1,                // 总金额
    "envId": "test-1",             // 结果通知回调云函数环境
    "functionName": "pay_cb"       // 结果通知回调云函数名
  })
  return res
}

// 小程序代码
wx.cloud.callFunction({
  name: '函数名',
  data: {
    // ...
  },
  success: res=>{
    const payment=res.result.payment
    wx.requestPayment({
      ...payment,
      success(res){
        console.log('pay success', res)
      },
      fail(err){
        console.error('pay fail', err)
      }
    })
  },
  fail: console.error,
})
```

< 166 >

分享、收藏与转发

11.4　分享、收藏与转发

小程序提供了分享、收藏与转发功能，用户可以将当前小程序页面分享到微信朋友圈、转发给朋友以及收藏到当前的微信客户端。在分享小程序页面时，小程序分享不适用于有较多交互的页面，小程序页面默认不可被分享到朋友圈，开发者需主动设置"分享到朋友圈"。

微信小程序默认是没有开启分享、收藏与转发功能的，如果需要开启这些功能，需要在当前页面的 Page 构造器参数中定义对应的监听事件方法。这些方法包括以下几个。

- onAddToFavorites()方法：监听用户点击右上角菜单中"收藏"按钮的行为，并自定义收藏内容。
- onShareAppMessage()方法：监听用户点击页面内"转发"按钮或右上角菜单中"转发"按钮的行为，并自定义转发内容。
- onShareTimeline()方法：监听右上角菜单中"分享到朋友圈"按钮的行为，并自定义分享内容。

这些方法都会返回一个 Object 类型的对象，用于自定义分享、转发、收藏的内容。返回对象的属性及相关说明如表 11.4 所示。

表 11.4　返回对象的属性及相关说明

属性	说明
title	自定义标题，默认为当前小程序名称
query	自定义页面路径中携带的参数
imageUrl	自定义图片路径，可以是本地文件或者网络图片的路径

小程序中开启页面分享、收藏、转发功能的示例代码如例 11.4 所示。

【例 11.4】开启页面分享、收藏、转发功能。

```
// index.js
Page({
  data: {
    shareObj: {
      title: '好文分享',
      imageUrl: '/images/001.jpg'
    }
  },
  onAddToFavorites(){     // 监听收藏
    return this.data.shareObj
  },
  onShareAppMessage(){    // 监听转发
    return this.data.shareObj
  },
  onShareTimeline(){      // 监听分享
    return this.data.shareObj
  }
})
```

上面代码运行后，在小程序首页点击右上角的菜单按钮，会在窗口底部弹出功能菜单，用户可以根据功能菜单的按钮做不同的操作，功能菜单效果如图 11.11 所示。

当用户点击"发送给朋友"按钮时，页面显示效果如图 11.12 所示。

< 167 >

图 11.11　底部功能菜单

图 11.12　发送给朋友提示框

当用户点击"分享到朋友圈"按钮时，页面显示效果如图 11.13 所示。

当用户点击"收藏"按钮时，页面显示效果如图 11.14 所示。

图 11.13　分享到朋友圈提示框

图 11.14　收藏提示框

11.5　小程序订阅消息

微信小程序的消息订阅功能是微信开放能力的重要组成部分，微信小程序为开发者提供了订阅消息的接口，以便实现服务的闭环和更优的体验。小程序中的消息订阅授权提示菜单如图 11.15 所示。

微信消息订阅的类型如下。

（1）一次性订阅消息

一次性订阅消息用于解决用户使用小程序后，后续服务环节的通知问题。用户自主订阅后，开发者可不限时间地下发一条对应的服务消息；每条消息可单独订阅或退订。

（2）长期订阅消息

一次性订阅消息可满足小程序的大部分服务场景需求，但线下公共服务领域存在一次性订阅无法满足的场景，如航班延误，需根据航班实时动态来多次发送消息提醒。为便于服务，开发者可以提供长期

图 11.15　消息订阅授权提示菜单

< 168 >

性订阅消息，用户订阅一次后，开发者可长期下发多条消息。

　　（3）设备订阅消息

　　设备订阅消息是一种特殊类型的订阅消息，它属于长期订阅消息类型，且需要完成"设备接入"才能使用。

　　实现微信消息订阅功能，需要先获取消息模板 ID，开发者可以在微信公众平台中手动配置消息模板。获取到模板的 ID 之后，调用以下方法获取下发权限。

- wx.requestSubscribeMessage()方法：获取一次性订阅消息或长期订阅消息的权限。
- wx.requestSubscribeDeviceMessage()方法：获取设备订阅消息的权限。

　　最后调用下发订阅消息的接口，方法如下所示。

- subscribeMessage.send()方法：用于一次性订阅消息、长期订阅消息。
- hardwareDevice.send()方法：用于设备订阅消息。

　　为便于开发者对用户进行服务消息触达，简化小程序和公众号模板消息的下发流程，小程序提供统一的服务消息下发接口。uniformMessage.send()方法用于统一下发小程序和公众号的服务消息，该方法可以通过 HTTPS 接口或云函数的方式调用。

　　HTTPS 方式下发订阅消息的示例代码如例 11.5 所示。

　　【例 11.5】HTTPS 方式下发订阅消息。

```
// index.js
Page({
  onLoad(){
    wx.request({
      url:
'https://api.weixin.qq.com/cgi-bin/message/wxopen/template/uniform_send?access_
token=ACCESS_TOKEN',
      data: {
        access_token: '',      // 接口调用凭证
        touser: '',            // 用户的 OpenID
        mp_template_msg: ''    // 公众号模板消息相关的信息
      },
      success(res){
        // 返回的 JSON 数据包
      }
    })
  }
})
```

　　云调用是微信云开发提供的在云函数中调用微信开放接口的能力，需要在云函数中通过 wx-server-sdk 使用。在云函数中通过 openapi.uniformMessage.send()方法下发统一服务消息。

11.6　本章小结

　　本章主要介绍了微信小程序 API 模块中最重要的开放能力模块，开发者可以通过微信客户端的原生功能快速实现应用服务的闭环。其中，微信开放能力中的微信支付接口是最重要的 API 接口，在很多小程序程序员招聘面试过程中都会问到关于微信支付的相关问题。微信开放接口是学习小程序开发比较重要的知识点，读者需要多加练习。

< 169 >

11.7 习题

1. 填空题

（1）微信小程序 API 提供了_____方法用于获取用户的基本信息。

（2）小程序提供了_____方法发起微信支付。

（3）小程序 Page 构造器参数中提供了_____、_____和_____3 个方法分别用于监听页面的收藏、转发、分享到朋友圈的操作。

2. 选择题

（1）下列不属于微信支付接入流程的是（　　　）。

    A. 注册小程序账号 B. 提交资料　　　　C. 签署协议　　　　D. 绑定场景

（2）下列不属于微信支付应用场景的是（　　　）。

    A. 扫码支付　　　　B. 小程序支付　　　　C. H5 支付　　　　D. 指纹支付

< 170 >

第 *12* 章　微信小程序云开发

本章学习目标
- 理解微信小程序云开发模式。
- 掌握云数据的概念与开发能力。
- 掌握云函数的概念与开发能力。
- 掌握云存储的概念与开发能力。

微信小程序的云开发是腾讯云和微信团队深度合作推出的一个小程序解决方案，它提供云函数、云数据库、云存储和云托管四大基础能力支撑。有了云开发以后，小程序的开发者可以将服务端的部署和运营等环节托管给腾讯云去管理，自己无须在运维和管理上面投入过多精力。本章将通过传统小程序开发模式与云开发模式之间进行对比，让读者进一步了解什么是微信小程序的云开发。

12.1　云开发简介

12.1.1　什么是云开发

微信云开发是微信团队联合腾讯云推出的专业小程序开发服务，开发者可以使用云开发快速开发小程序应用、小游戏、公众号网页等，并且通过云开发打通微信开放能力；开发者无须搭建服务器，可免鉴权、免登录地使用平台提供的 API 进行业务开发。云开发模式如图 12.1 所示。

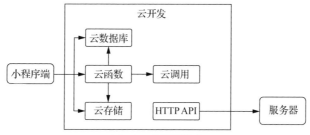

图 12.1　云开发模式

在传统开发模式下，小程序端会承载应用的数据和文件展示给用户。如果使用云开发这种模式，小程序端将会直接调用小程序原生接口去操作云数据库、云函数以及云存储。在这个操作过程中，开发者无须关心这些数据到底是部署在哪台服务器上、服务的 IP 是多少、这些服务器由谁去管理等，只需要把专注力放在需求和业务实现的过程上就可以了。

除了小程序端可以调用云开发的能力之外，开发者还可以通过云函数直接去操作云数据库和云存储。不管是在小程序端还是在云函数中，都可以通过统一的接口去处理云开发提供的这些能力。在云函数中还提供了云调用能力，开发者可以直接通过云函数使用小程序的一些开发接口，例如使用HTTP API访问开发者已经部署在其他服务器上的资源以实现某些特定的功能。这些能力都可以统称为小程序的云开发能力。云开发模式在很大程度上解放了开发者的"手脚"，让开发者更加专注于业务的实现。

12.1.2 云开发的优势

微信小程序的云开发模式具有以下优势。

（1）快速构建小程序

微信小程序云开发使用的是腾讯云提供的云服务，开发者不需要自己动手搭建云服务器，只需要使用平台提供的各项开发能力即可快速开发业务。

（2）免鉴权调用微信开发服务

开发者无须管理证书、签名、密钥等，可以直接在应用中调用微信 API，复用微信私有协议及链路，并且可以保障业务的安全性。

（3）统一开发多端应用

微信小程序云开发支持环境共享，一个后端环境可以支持开发多个小程序、公众号、H5 网页等应用，让开发者更加便捷地复用业务代码与数据。

（4）不限开发语言和框架

开发者可以使用任意语言和框架进行代码开发，并且可以在构建出容器后，快速将其托管至云开发。

（5）更低的开发成本

微信小程序云开发支持按量计费模式，后端资源根据业务流量自动扩容，用户先试用后付费，无须支付闲置成本，这样在很大程度上降低了开发成本。

12.1.3 云开发权限设置

微信开发者工具提供了微信小程序云开发控制台，开发者单击工具栏上的"云开发"按钮（见图 12.2）即可打开云开发控制台。

图12.2 "云开发"按钮

微信小程序云开发控制台为开发者提供了云开发环境的可视化配置操作界面，利用该界面可以很方便地查看和操作云数据库、云存储、云函数、云托管等，同时云开发控制台支持设置开发者在控制台内的操作权限。如果小程序管理员在云开发控制台中未进行权限设置，那么就默认允许所有的小程序开发者拥有云开发的完整权限。在云开发控制台中可以为开发者账号分配以下 3 种不同的角色。

- 小程序管理员：在云开发控制台中拥有最高权限，其可以指定云开发管理员，也可以自行配置开发者权限。
- 云开发管理员：在云开发控制台中拥有完整权限，其可以配置开发者权限；由小程序管理员指定，最多不能超过 3 人。
- 云开发开发者：在云开发控制台中的权限由小程序管理员或云开发管理员指定。

< 172 >

　　小程序管理员可以授权指定开发者对云开发进行全权管理，小程序管理员可以指定最多 3 位开发者为云开发管理员。在进入云开发控制台后，依次选择"设置"→"权限设置"→"云开发管理员"，用鼠标左键单击"添加管理员"按钮，如图 12.3 所示，即可打开"添加云开发管理员"界面。

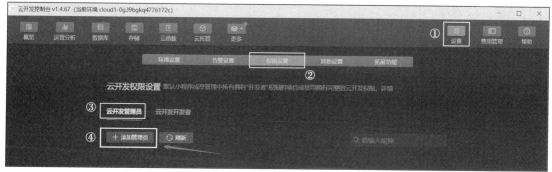

图 12.3　添加云开发管理员流程

　　在"添加云开发管理员"界面中，勾选提前在微信公众平台提交的微信小程序开发者，最多可以勾选 3 人，提交成功后该开发者即被称为小程序的云开发管理员。如果想要删除某个云开发管理员，将鼠标指针放置在已选择的开发者微信头像上，单击"删除"按钮即可。提交后，小程序管理员扫码成功，就完成了添加云开发管理员的操作。指定开发者配置为云开发管理员的操作流程如图 12.4 所示。

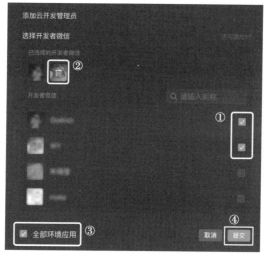

图 12.4　添加或删除云开发管理员

　　开发者在微信云开发控制台中查看或执行无权限的操作时会触发相关的提示信息。当开发者无查看权限时，提示内容如图 12.5 所示。

　　当开发者无操作功能权限时，提示内容如图 12.6 所示。

图 12.5　当前开发者无查看权限提示

图 12.6　开发者无操作功能权限

　　小程序管理员还可以通过批量设置，对指定开发者进行详细的权限配置授权。

< 173 >

12.2 云数据库

12.2.1 云数据库介绍

云开发提供了一个JSON数据库，即非关系型数据库。非关系型数据库中的每条记录都是一个JSON格式的对象，该数据库又被称为文档数据库。微信小程序云开发平台为云数据库提供了2GB的免费存储空间，只要是非测试账号的微信小程序均可免费开通云数据库。

非关系型数据库与关系型数据库有所不同，关系型数据库就像是一个 Excel 表格，每个数据库就相当于一个 Excel 文件，其中可以创建多张数据表。在关系型数据库的数据表中具有行和列的关系，每一列表示一个字段，例如学生表中的每一列可以记录每名学生的字段信息，如学生姓名、性别、所属年级等；每一行表示一条记录，例如学生表中的每行记录着该学生的所有信息。关系型数据库的结构如表 12.1 所示。

表 12.1　关系型数据库的结构

ID	学生姓名	性别	所属年级
1	张三	男	一年级
2	李四	男	一年级

非关系型数据库（以下称为文档数据库）中，每个数据库可以包含多个集合，这个集合可以看作是一个 JSON 数组，就相当于关系型数据库中的表。在文档数据库中的每一条数据被称为记录（record 或 doc），相当于关系型数据库中的行，文档数据库中每条记录可以看作 JSON 数组中的对象元素；文档数据库中每条记录对象中的属性被称为字段（field），相当于关系型数据库中的列。关系型数据库与文档数据库的概念对应关系如表 12.2 所示。

表 12.2　关系型数据库与文档数据库的概念对应关系

关系型数据库	文档数据库
数据库（database）	数据库（database）
表（table）	集合（collection）
行（row）	记录（record / doc）
列（column）	字段（field）

文档数据库的格式如例 12.1 所示。

【例 12.1】文档数据库格式。

```
[
  {
    "id": 1,
    "name": "张三",
    "gender": "男"
  },
  {
    "id": 2,
    "name": "李四",
    "gender": "男"
```

< 174 >

```
  }
]
```

　　关系型数据库与文档数据库之间存在着很大的差异，具体使用哪种类型的数据库还需要结合项目的实际需求而定。如果在项目中需要频繁地进行多表之间关联关系查询，采用关系型数据库就非常适合。但是如果需要对数据进行频繁的读写操作，采用文档数据库的效率会更高。两种数据库都有各自的优缺点，小程序的云开发中支持的是文档数据库。

12.2.2　云数据库数据类型

　　小程序的云数据库提供了以下几种数据类型。

- String：表示字符串类型。
- Number：表示数字类型。
- Object：表示对象类型。
- Array：表示数组类型。
- Bool：表示布尔类型。
- Date：表示时间类型。
- Geo：表示多种地理位置类型。
- Null：表示一个占位符，用于该字段存在但是其值为空的情况。

　　小程序云数据库的数据类型与传统的 JSON 格式数据类型还是存在一些差异的，其中 Geo 就是一个特殊的类型，表示一个地理位置点。在小程序中，开发者可以用 Geo 类型表示一个地理位置点，用经纬度作为唯一标识，这是一个特殊的数据存储类型。使用 Geo 类型时需要注意的是，如果要对某个地理位置的字段进行查找，必须要建立地理位置的索引。笔者建议用于存储地理位置数据的字段均建立地理位置索引，开发者可在云控制台建立索引的入口中选择地理位置索引。

　　云开发数据库提供了对多种地理位置数据类型的增/删/查/改支持，支持的地理位置数据类型如表 12.3 所示。

表 12.3　支持的地理位置数据类型

数据类型	说明	最低基础库版本
Point	点	2.2.3
LineString	线段	2.6.3
Polygon	多边形	2.6.3
MultiPoint	点集合	2.6.3
MultiLineString	线段集合	2.6.3
MultiPolygon	多边形集合	2.6.3

　　Date 类型用于表示时间，可精确到毫秒，在小程序端可用 JavaScript 内置 Date 对象创建。需要特别注意的是，在小程序端创建的时间是客户端时间，不是服务端时间，这意味着在小程序端的时间与服务端时间不一定吻合；如果需要使用服务端时间，应该用 API 中提供的 serverDate 对象来创建一个服务端当前时间的标记，当使用了 serverDate 对象的请求抵达服务端处理时，该标记会被转换成服务端当前的时间。开发者在构造 serverDate 对象时还可以传入一个有 offset 字段的对象，用来标记一个与当前服务端时间偏移 offset 毫秒的时间，这样就可以达到控制或推迟时间的效果，例如指定一个字段为服务端时间推迟一个小时。

< 175 >

12.2.3 云数据库权限管理

云数据库的权限分为小程序端和管理端，管理端包括云函数和控制台。小程序端运行在小程序中，读写数据库受权限控制；管理端运行在云函数上，拥有所有读写数据库的权限。云控制台的权限同管理端一样，拥有所有读写数据库的权限。小程序端操作数据库应有严格的安全规则限制。

云数据库提供了两种权限控制方案：一种是系统提供的 4 种简易的基础权限设置；另一种是开发者自定义权限的规则设置。小程序云数据库提供的 4 种简易权限设置从宽到紧排列如下。

- 所有用户可读，仅创建者可读写：数据只有创建者可写，所有人可读，例如文章。
- 仅创建者可读写：数据只有创建者可读写，其他用户不可读写，例如用户的私密相册。
- 所有用户可读，仅管理端可写：该数据只有管理端可写，所有人可读，例如商品信息。
- 所有用户不可读，仅管理端可读写：该数据只有管理端可读写，所有人不可读写，一般用于存储不能对外暴露的数据，例如小程序访客画像数据。

管理端始终拥有读写所有数据的权限，小程序端始终不能改写他人创建的数据。每个集合可以拥有一种权限配置，权限配置的规则是作用在集合的每个记录上的。出于易用性和安全性的考虑，云开发为云数据库做了小程序深度整合，在小程序中创建的每个数据库记录都会带有该记录创建者（即小程序用户）的信息，以_openid 字段保存用户的 openid 在每个相应用户创建的记录中。因此，权限控制也相应围绕着一个用户是否应该拥有权限操作其他用户创建的数据展开。

对同一用户而言，不同模式在小程序端和管理端的权限表现如表 12.4 所示。

表 12.4　云数据库权限表现

模式	小程序端读自己创建的数据	小程序端写自己创建的数据	小程序端读他人创建的数据	小程序端写他人创建的数据	管理端读写任意数据
仅创建者可写，所有人可读	√	√	√	×	√
仅创建者可读写	√	√	×	×	√
仅管理端可写，所有人可读	√	×	√	×	√
仅管理端可读写	×	×	×	×	√

云开发控制台提供了配置云数据库权限的操作界面，界面如图 12.7 所示。

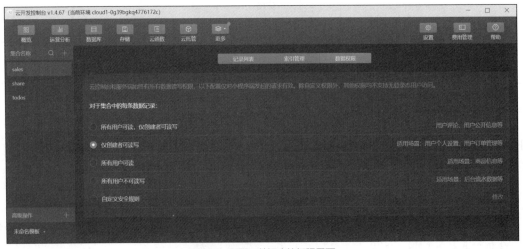

图 12.7　配置云数据库的权限界面

< 176 >

云数据库提供了让开发者自定义安全规则的配置选项，开发者在云开发控制台的数据库配置界面中选择"数据权限"，然后单击"自定义安全规则"，即可打开"自定义安全规则"界面，界面如图 12.8 所示。

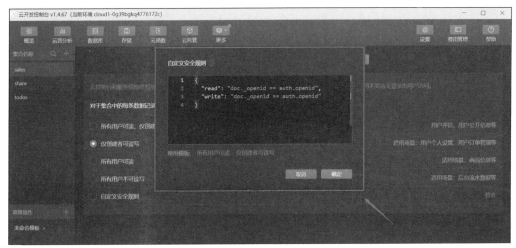

图 12.8　"自定义安全规则"界面

安全规则可以让开发者灵活地自定义前端数据库读写权限。通过配置安全规则，开发者可以精细化地控制集合中所有记录的读、写权限，自动拒绝不符合安全规则的前端数据库请求，以保障数据安全。每个集合都有独立的安全规则配置，配置的格式为 JSON，配置的 key 表示操作类型；value 是一个表达式，用以表示需要满足什么条件才允许相应的操作类型，当表达式解析为 true 时即代表相应类型的操作符合安全规则。

云数据库自定义安全规则支持配置的操作类型如表 12.5 所示。

表 12.5　自定义安全规则支持配置的操作类型

操作类型	说明	默认值
read	读	false
write	写	false
create	新建	—
update	更新	—
delete	删除	—

规则表达式是类 JavaScript 的表达式，支持部分表达式，内置全局变量、全局函数。

12.2.4　云数据库增/删/改/查

在小程序中可以使用 API 和云控制台两种方式对云数据库的数据进行增/删/改/查操作。如果要使用云数据库提供的 API 进行数据的增/删/改/查，需要先获取云数据库的引用对象。获取默认环境下云数据库引用的示例代码如例 12.2 所示。

【例 12.2】获取云数据库引用。

```
const db=wx.cloud.database()
```

如需获取其他环境的云数据库引用，可以在调用时传入一个对象参数，即在 database()中通过 env 字段指定要使用的环境，此时方法会返回一个对测试环境数据库的引用。示例代码如例 12.3 所示。

< 177 >

【例 12.3】获取其他环境的云数据库引用。

```
const testDB=wx.cloud.database({
  env: 'test'
})
```

云数据库中可以创建很多集合，云数据库的增/删/改/查就是对集合中的数据进行增/删/改/查操作。如果要操作一个集合，就需要先获取集合的引用。当成功获取到当前环境的云数据库引用后，可以通过云数据库的引用再获取指定集合的引用。获取集合引用的示例代码如例 12.4 所示。

【例 12.4】获取集合引用。

```
const db=wx.cloud.database()
const todos=db.collection('todos')
```

获取集合的引用并不会发起网络请求去拉取它的数据，此时可以通过此引用在该集合上进行增/删/改/查的操作。首先，需要了解获取一个记录数据的方法。假设已有一个 ID 为 "123456" 的在集合 todos 上的记录，通过在该记录的引用调用 get 方法获取 todos 集合的数据，示例代码如例 12.5 所示。

【例 12.5】查询集合中的记录。

```
// 使用回调函数查询数据
db.collection('todos').doc('123456').get({
  success: function(res){
    // res.data 包含该记录的数据
  }
})

// 使用 Promise 风格查询数据
db.collection('todos').doc('123456').get().then(res=>{
  // res.data 包含该记录的数据
})
```

如果要获取一个集合的数据，比如获取 todos 集合上的所有记录，可以在集合上调用 get 方法获取，但通常不建议这么使用，因为在小程序中开发者需要尽量避免一次性获取过量的数据，只应获取必要的数据。为了防止误操作和拥有良好的小程序用户体验，小程序端在获取集合数据时服务器一次默认且最多返回 20 条记录，云函数端这个数字则是 100。开发者可以通过 limit 方法指定需要获取的记录数量，但小程序端不能超过 20 条，云函数端不能超过 100 条。

如果想要通过条件查询指定的数据，可以使用 where 方法来指定查询条件，然后调用 get 方法即可返回满足条件的记录，示例代码如例 12.6 所示。

【例 12.6】条件查询。

```
db.collection('todos').where({
  _openid: 'user-open-id',
  done: false
})
.get({
  success: function(res){
    // res.data 是包含以上定义的两条记录的数组
  }
})
```

与查询记录的方法相似，还可以使用集合的引用添加记录，以及对特定的记录进行更新和删除，示例代码如例 12.7 所示。

< 178 >

【例 12.7】增、改、删记录。

```
// 插入数据
db.collection('todos').add({
  // data 为新增的对象
  data: {
    title: '完成任务 1',
    done: false
  },
  success: function(res){
    // res 是一个对象, 其中有_id 字段标记刚创建记录的 id
  }
})

// 更新记录
db.collection('todos').doc('123456').update({
  // data 传入需要局部更新的数据
  data: {
    done: true
  },
  success: function(res){
    // 更新成功的回调
  }
})

// 删除记录
db.collection('todos').doc('123456').remove({
  success: function(res){
    // 删除成功的回调
  }
})
```

　　除了使用云数据库 API 操作数据之外, 开发者还可以通过云控制台进行管理端的数据操作。在云控制台数据库管理页面中, 开发者可以编写和执行数据库脚本, 以对数据库进行增/删/改/查以及聚合操作。控制台数据库高级操作界面如图 12.9 所示。

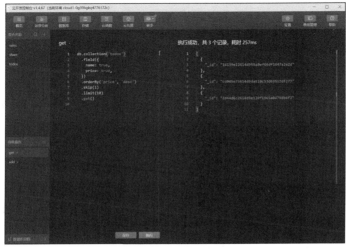

图 12.9　控制台数据库高级操作

< 179 >

在控制台中可以通过添加数据库脚本对数据库进行操作，添加数据库执行脚本的效果如图 12.10 所示。

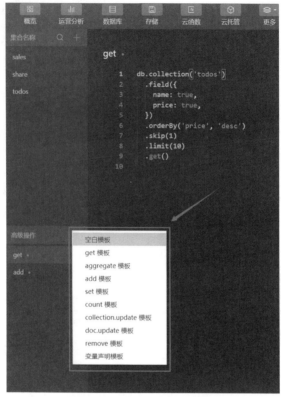

图 12.10　添加数据库操作脚本

12.2.5　数据迁移

云开发控制台的数据库管理面板中支持以文件导入/导出的方式实现数据迁移，小程序云数据库数据迁移目前仅支持 CSV 和 JSON 格式的文件数据。如果要导入数据，需要打开云开发控制台，单击"数据库"按钮，再选择要操作导入/导出的数据库集合，然后单击对应的按钮。数据库导入操作如图 12.11 和图 12.12 所示。

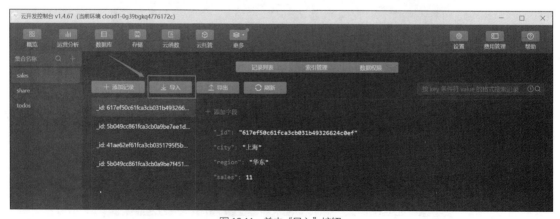

图 12.11　单击"导入"按钮

< 180 >

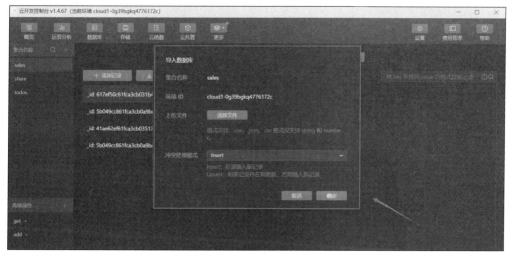

图 12.12　"导入数据库"弹框

在"导入数据库"弹框中单击"选择文件"按钮，选择本地保存的数据文件，然后单击"确定"按钮提交数据。导出数据的操作与导入数据的操作流程相同，首先选择要导出数据的集合，然后单击"导出"按钮。数据库导出操作如图 12.13 和图 12.14 所示。

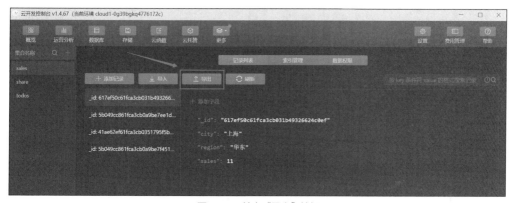

图 12.13　单击"导出"按钮

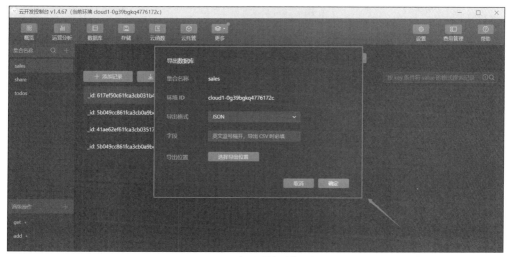

图 12.14　"导出数据库"弹框

< 181 >

在"数据库导出"弹框中，选择要导出的文件格式和要导出文件的位置，然后单击"确定"按钮即可开始导出数据。

12.2.6 数据备份

云开发控制台的数据库操作中还提供了数据库回档功能，其作用就是开发者通过建立回档，在需要还原的时候将数据还原到指定的时间点。系统会自动开启数据库备份，并且每日凌晨自动进行一次数据备份，每次数据备份最长保存 7 天。开发者也可以根据实际需要，在云控制台中新建回档任务。

回档期间，数据库的数据访问不受影响。回档完成后，开发者可在集合列表中看到原有数据库集合和回档后的集合。新建回档操作如图 12.15 所示。

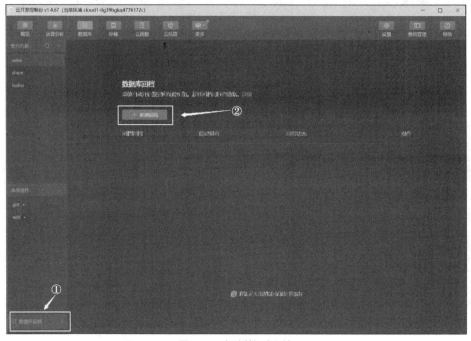

图 12.15　新建数据库回档

12.3 云函数

云函数

12.3.1 云函数介绍

云函数就是一段运行在云端的代码，相当于小程序服务端的后台代码。基于云函数，开发者就无须管理后端服务器，只需要在微信开发者工具中编写相关的业务代码即可，然后在通过一键上传将代码部署到小程序的云端。由于微信小程序云函数运行在 Node.js 环境中，因此开发者需要在本地的开发环境中安装 Node.js 的运行环境。

云函数的写法与本地定义 JavaScript 的方法相同，代码运行在云端 Node.js 中。当云函数被小程序端调用时，定义的云函数代码会被放在 Node.js 运行环境中执行。开发者可以在云函数中进行 HTTP 网

< 182 >

络请求，也可以通过云函数的 SDK 完成更多的功能开发，例如使用云函数 SDK 提供的数据库 API 进行数据库的操作。

云函数还为开发者提供了更加方便的操作，例如云函数提供了微信免登录、免鉴权的操作。开发者可以在微信开发者工具中新建一个云函数，具体方法为在云函数的根目录上单击鼠标右键，在弹出的快捷菜单中选择"新建 Node.js 云函数"命令（见图 12.16），创建一个新的云函数，并将该云函数命名为 demo。

微信开发者工具在本地创建的 demo 云函数文件结构如图 12.17 所示。

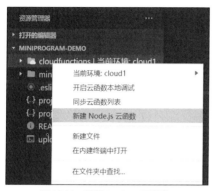

图 12.16　新建 Node.js 云函数

图 12.17　demo 云函数文件结构

云函数下的 index.js 文件为云函数的入口文件，同时在线上环境中创建出对应的云函数。云函数入口文件代码如例 12.8 所示。

【例 12.8】云函数入口文件代码。

```
const cloud=require('wx-server-sdk')
cloud.init()
// 云函数入口函数
exports.main=async(event, context)=>{
  const wxContext=cloud.getWXContext()
  return{
    event,
    openid: wxContext.OPENID,
    appid: wxContext.APPID,
    unionid: wxContext.UNIONID,
  }
}
```

云函数的传入参数有两个，一个是 event 对象，另一个是 context 对象。event 对象指的是触发云函数的事件。当小程序端调用云函数时，event 就是小程序端调用云函数时传入的参数，外加后端自动注入的小程序用户的 openid 和小程序的 appid。context 对象包含了此处调用的调用信息和运行状态，用它可以来了解服务运行的情况。在模板中默认通过 require 引入的 wx-server-sdk，这是一个帮助开发者在云函数中操作数据库、存储以及调用其他云函数的微信提供的库。

12.3.2　云函数调用

在小程序中调用云函数前，需要将云函数部署到云端。在云函数目录上单击鼠标右键，在弹出的快捷菜单中选择"上传并部署：云端安装依赖（不上传 node modules）"命令，可以将云函数整体打包上传并部署到线上环境中。上传并部署云函数的操作如图 12.18 所示。

< 183 >

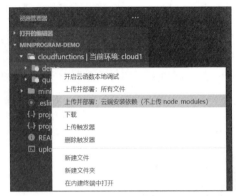

图 12.18　上传并部署云函数

等待云函数部署完成后，就可以在小程序中调用该云函数，示例代码如例 12.9 所示。

【例 12.9】调用云函数。

```
wx.cloud.callFunction({
  // 云函数名称
  name: 'demo',
  // 传给云函数的参数
  data: {
    a: 1,
    b: 2,
  },
  success: function(res){
    // 调用成功后的回调函数
  },
  fail: console.error
})
```

为了方便代码编写，开发时也可以使用 Promise 风格调用云函数，示例代码如例 12.10 所示。

【例 12.10】使用 Promise 风格调用云函数。

```
wx.cloud.callFunction({
  name: 'demo',
})
.then(res=>{
  // 云函数调用成功后的回调
})
.catch(console.error)
```

在正式的开发中，建议在本地调试云函数通过后，再上传部署云函数进行正式测试，以保证线上发布的稳定性。

12.4　云存储

云储存

12.4.1　云存储介绍

微信小程序的云开发提供了一个云存储空间，方便开发者在云端保存文件。云存储提供高可

< 184 >

用、高稳定、强安全的云端存储服务，支持任意数量和形式的非结构化数据存储（例如视频、图片、音频等），并在云开发控制台进行可视化管理。非测试账号的小程序可以免费申请 5GB 的存储空间。

　　云开发提供了调用云存储的 API 接口，利用它可以实现文件的上传、下载、删除以及获取文件临时访问连接等操作，开发者可以在小程序端和云函数中通过 API 使用云存储功能。云存储的主要功能包括以下几个方面。

- 存储管理：支持文件夹可方便文件归类管理，支持文件的上传、下载、删除、移动、搜索、查看等。
- 权限管理：支持基础权限设置和高级安全规则权限控制。
- 上传管理：用于查看文件上传历史、进度及上传状态等。
- 文件搜索：支持文件前缀名称及子目录文件的搜索。
- 组件支持：支持在 image、audio 等组件中传入云文件 ID。

　　在云开发控制台中，选择"存储管理"，在此可以看到云存储空间中所有的文件，还可以查看文件的详细信息、控制存储空间的读写权限。云开发控制台的云存储管理界面如图 12.19 所示。

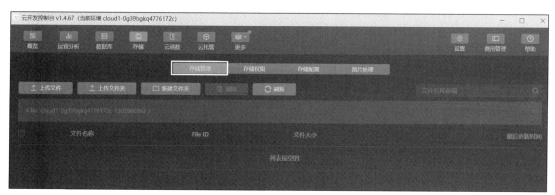

图 12.19　云存储管理界面

　　虽然在小程序端和服务端都可以上传文件到云存储，但是在实际开发中云存储内的文件链接需要被记录在数据库里才能被调用。如果不经过云数据库直接将文件上传到云存储里，文件的上传、删除、修改、查询等操作是无法与具体的业务对应起来的，例如文章中的配图、商品详情介绍中的图片、表单图片的添加与删除等，都需要图片资源与文章、商品、表单的 ID 能够一一对应才能进行管理。所以将图片资源 ID 与文章、商品、表单及用户 ID 在数据库中建立关联关系，可以方便在小程序端和云函数中级联查询。

12.4.2　文件管理

　　云开发控制台的云存储管理界面中虽然提供了上传文件的功能，但是在实际开发中，还需要通过调用云存储的 API 接口在小程序端和云函数中上传文件，这也是最常见的上传文件的操作方式，例如在小程序中手动上传用户头像。

　　在小程序端可以调用 wx.cloud.uploadFile 方法上传文件，示例代码如例 12.11 所示。

　　【例 12.11】上传文件。

```
wx.cloud.uploadFile({
  cloudPath: 'user_avatar.png', // 上传至云端的路径
  filePath: '', // 小程序临时文件路径
```

< 185 >

```
success: res=>{
  // 返回文件 ID
  console.log(res.fileID)
},
fail: console.error
})
```

上传成功后会获得文件唯一标识符，即文件 ID，后续操作都是基于文件 ID 而不是基于 URL。开发者可以根据文件 ID 下载文件，用户仅可下载其访问权限内的文件，示例代码如例 12.12 所示。

【例 12.12】下载文件。

```
wx.cloud.downloadFile({
  fileID: '', // 文件 ID
  success: res=>{
    // 返回临时文件路径
    console.log(res.tempFilePath)
  },
  fail: console.error
})
```

通过 wx.cloud.deleteFile 方法可以删除文件，示例代码如例 12.13 所示。

【例 12.13】删除文件。

```
wx.cloud.deleteFile({
  fileList: ['a7xzcb'],
  success: res=>{
    // handle success
    console.log(res.fileList)
  },
  fail: console.error
})
```

根据文件 ID 获取文件临时网络链接，文件链接有效期为两个小时，示例代码如例 12.14 所示。

【例 12.14】获取文件临时网络链接。

```
wx.cloud.getTempFileURL({
  fileList: ['cloud://xxx.png'],
  success: res=>{
    // fileList 是一个有如下结构的对象数组
    console.log(res.fileList)
  },
  fail: console.error
})
```

12.5 云托管

12.5.1 云托管介绍

微信云托管支持目前大多数数据与框架项目，开发者可以从原有服务器平滑迁移数据等，而且微信云托管具有自动运维和扩缩容特性，开发者无须关心服务的可用性，只需专注于业务，极大节省人力和服务资源成本。

< 186 >

微信云托管适用于对网络延迟、DDOS 攻击等有网络性能及安全需求的小程序和公众号业务，还适用于传统业务后台服务升级及流量不稳定触发型业务场景。微信云托管自带监控告警、日志服务、负载均衡、自动弹性、版本灰度、环境隔离等服务和特性，同时结合微信天然鉴权等。另外，微信云托管按实际用量计费，极大降低开发成本，再结合云开发的云数据库、云存储等服务也可以降低数据库存储的使用成本。

12.5.2　环境创建与管理

微信云托管目前支持大多数语言/框架开发项目，如环境付费模式为预付费模式需在开通时切换为按量付费模式或前往云开发控制台的设置界面重新配置付费模式，切换成功后云托管功能默认已开通。如当前环境的付费模式已为按量付费，则默认已拥有云托管功能。云托管服务列表界面如图12.20 所示。

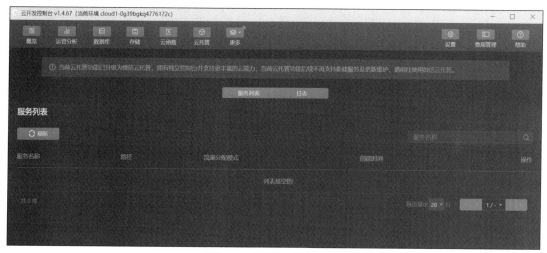

图 12.20　云托管服务列表界面

在访问微信云托管服务时，如果出现异常会返回各种错误码，开发者可以通过查找错误码解释文档获得指引。云托管服务错误码及说明如表 12.6 所示。

表 12.6　云托管服务错误码及说明

错误码	说明
ROUTE_NOT_FOUND	没有匹配到绑定的 HTTP 访问路径
ENDPOINT_NOT_FOUND	后端资源未找到
ENDPOINT_VERSION_NOT_FOUND	后端版本未找到
INVALID_PATH	非法的 URL 路径
INVALID_CNAME	解析域名失败
INVALID_HOST	无效或者非法的主机名
INVALID_ENV_ID	没有找到对应的云开发环境
INVALID_REGION	跨地域访问云开发资源
INVALID_CREDENTIALS	开启 HTTP 访问鉴权的情况下，用户态鉴权失败
INVALID_AUTHORIZATION	CloudBase Open API 密钥校验失败
SERVICE_FORBIDDEN	HTTP 访问路径被手动关闭，服务禁止访问

< 187 >

续表

错误码	说明
EXCEED_MAX_PAYLOAD_SIZE	HTTP 请求体超出最大容量限制
REQUEST_SERVICE_FAILED	请求云托管服务失败
LB_ABNORMAL	云托管负载均衡状态异常
SERVICE_CHARGE_OVERDUE	欠费停机，请及时充值
INTERNAL_REQUEST_FAIL	系统内部请求错误
SYS_ERR	系统内部错误，需要提交工单反馈问题

12.6 本章小结

在传统的小程序开发模式中，开发小程序需要使用多种技术实现，例如 Java、PHP、Node.js 等。不管使用哪种后端技术开发小程序的服务端，都增加了小程序开发时间成本、资金成本及沟通成本。而且在小程序部署上线后还需要后期运维管理，例如网络防护、负载均衡、监控、告警等一系列问题。

小程序云开发是一种开发模式，它为开发者提供了完整的云端支持，弱化了后端和运维的概念，让开发者更专注业务开发。本章主要介绍了微信小程序云开发的基本概念，以及云数据库、云函数、云存储、云托管的基本概念与操作使用方法。熟练掌握微信小程序的云开发就相当于掌握了小程序的前端和后端开发，云开发已经成为小程序开发者的必备技能之一。

12.7 习题

1．填空题

（1）微信小程序的云开发包括＿＿＿＿＿＿、＿＿＿＿＿＿和＿＿＿＿＿＿三大基础能力。

（2）在云开发控制台中，为开发者账号可以分为＿＿＿＿＿＿、＿＿＿＿＿＿、＿＿＿＿＿＿3 种不同的角色。

（3）云数据库属于＿＿＿＿＿＿型数据库。

（4）在小程序端可以通过＿＿＿＿＿＿方法调用云函数。

2．选择题

（1）下列不属于云开发优势的是（　　　　）。

    A. 可以快速搭建各种应用　　　　　　B. 可以免登录调用微信服务

    C. 可以统一多端应用　　　　　　　　D. 不限开发语言和框架

（2）下列不属于云数据库数据类型的是（　　　　）。

    A. String　　　　　B. Bool　　　　　C. Geo　　　　　D. Undifend

（3）以下选项不属于云数据库 CRUD 方法的是（　　　　）。

    A. get　　　　　　B. doc　　　　　　C. add　　　　　D. delete

< 188 >

第 13 章

自定义组件与第三方 UI 组件库

本章学习目标
- 掌握微信小程序自定义组件开发。
- 掌握常用第三方组件库的使用。

通过前面章节的学习，相信大家已经了解什么是组件化开发，并且已经掌握小程序基础组件的使用。如果在实际开发中小程序提供的基础组件不能满足需求，开发者可以根据项目的实际需求来封装自定义组件。小程序自定义组件的封装能力体现了小程序开发的灵活性，但是如果项目中的每一个组件都要自行编写代码进行封装，开发效率可能会比较低。幸运的是，当前市场上关于微信小程序的第三方组件库非常丰富，开发者可以在众多的第三方组件库中选择更适合项目需求的组件。

13.1 组件化开发与自定义组件

13.1.1 组件化开发

关于 Web 前端开发最热门的话题有两个：一个是前端工程化，另一个就是组件化开发。组件化的概念是从研究如何扩展 HTML 标记开始的，最后延伸出来的一套前端架构体系。而它最重要的作用就是提高前端代码的复用性。很多初学者容易把组件化与模块化混淆，其实组件化和模块化是两个完全不同的概念。模块化是在项目文件层面上对代码和资源的拆分，而组件化则是在设计层面上对 UI 的拆分。简单来说，前端的组件化开发就是从 UI 层中拆分出来一个结构单元，这个单元中包含了标记、样式和实现基本功能的逻辑，这个拆分出来的单元被称为组件。

在页面的设计过程中，页面上的每一个元素都是组件，页面是一个大型的组件，这个大型组件又由多个中、小型组件拼装而成。中型组件还可以再拆分成小型组件，小型组件再拆分成 DOM 元素。在传统的 Web 前端组件化开发中，DOM 元素属于浏览器的组件，它是组件的基本单元。而在微信小程序开发中，微信小程序平台提供的基础组件就是小程序组件化的基本单元。

13.1.2 自定义组件

在小程序的项目开发中，开发者可以根据项目需求将页面内的功能模块抽象成自定义组件，或者将一个复杂的页面拆分成多个低耦合的模块来方便在其他页面中继续复用，以此提高代码的可维护性和可复用性。开发者封装的自定义组件与微信小程序平台提供的基础组件非常相似，每个自定义组件要包含 4 个基础文件，分别是.json、.wxml、.wxss、.js 文件。

要创建一个自定义组件，首先要在当前组件的.json 配置文件中进行自定义组件的声明。以自定义组件"my-component"为例，在小程序项目下创建 components 目录来管理所有的自定义组件，并在 components 目录下新建一个文件夹且将该文件夹命名为"my-component"，然后在 my-component 文件夹下单击鼠标右键，在弹出的快捷菜单中选择"新建 Component"命令，如图 13.1 所示。

然后将自定义组件中的所有文件都命名为"index"，创建完成后的自定义组件文件结构如图 13.2 所示。

图 13.1　新建 Component

图 13.2　自定义组件文件结构

打开自定义组件中的 index.json 配置文件，将 component 字段设为 true 表示将当前组文件设为自定义组件，示例代码如例 13.1 所示。

【例 13.1】在配置文件中声明自定义组件。

```
// components/my-component/index.json
{
    "component": true
}
```

然后在自定义组件中的 index.wxml 文件中编写组件模板，在 index.wxss 文件中编写组件的样式，它们的语法与小程序页面的语法类似。编写组件的模板和样式，示例代码如例 13.2 所示。

【例 13.2】编写组件的模板和样式。

```
// components/my-component/index.wxml
<view class="my-component">
    <view class="title">My-Component 组件</view>
    <view>{{innerText}}</view>
</view>

// components/my-component/index.wxss
.my-component {
    padding: 30rpx;
}
.title {
    font-weight: 600;
    line-height: 80rpx;
}
```

< 190 >

```
// components/my-component/index.js
Component({
    // 组件的属性列表
    properties: {
        innerText: {
            type: String,
            default: ''
        }
    }
})
```

在.wxss 中不应使用 ID 选择器、属性选择器和标签名选择器，推荐使用 class 类选择器。在自定义组件的.js 文件中，需要使用 Component()来注册组件，并提供组件的属性定义、内部数据和自定义方法。组件的属性值和内部数据会被用于.wxml 的渲染，其中，属性值是可由组件外部传入的。

使用已注册的自定义组件前，首先要在页面的.json 文件中进行引用声明。此时需要提供每个自定义组件的标签名和对应的自定义组件文件路径，示例代码如例 13.3 所示。

【例 13.3】在小程序首页的配置文件中引入自定义组件。

```
// page/index/index.json
{
  "usingComponents": {
    "my-component": "/components/my-component/index"
  }
}
```

这样，在.wxml 页面中就可以像使用基础组件一样使用自定义组件。节点名即自定义组件的标签名，节点属性即传递给组件的属性值。在小程序首页使用自定义组件，示例代码如例 13.4 所示。

【例 13.4】在小程序首页使用自定义组件。

```
// page/index/index.wxml
<my-component inner-text="这是自定义组件的内容"></my-component>
```

上面代码运行的效果如图 13.3 所示。

在组件模板中引入一对<slot></slot>节点，它用于承载组件引用时提供的子节点，这个被引入的节点称为插槽。引入单个插槽的示例代码如例 13.5 所示。

【例 13.5】自定义组件中引入单个插槽。

图 13.3　在小程序首页使用自定义组件

```
// components/my-component/index.wxml
<view class="my-component">
    <view class="title">My-Component 组件</view>
    <view>{{innerText}}</view>
    <slot></slot>
</view>
```

在小程序首页使用插槽，示例代码如例 13.6 所示。

【例 13.6】在小程序首页使用插槽。

```
// page/index/index.wxml
<my-component inner-text="这是自定义组件的内容">
  <view>这是自定义插槽</view>
</my-component>
```

< 191 >

上面代码运行后的效果如图 13.4 所示。

在自定义组件中引入多个插槽时，需要在 Component 构造器参数中配置 options 属性，并将该属性中的 multipleSlots 字段值设置为 true，示例代码如例 13.7 所示。

【例 13.7】自定义组件中引入多个插槽。

图 13.4 在小程序首页使用插槽

```
// components/my-component/index.wxml
<view class="my-component">
    <view class="title">My-Component 组件</view>
    <slot name="custom-1"></slot>
    <view>{{innerText}}</view>
    <slot name="custom-2"></slot>
</view>

// components/my-component/index.js
Component({
    properties: {
        innerText: {
            type: String,
            default: ''
        }
    },
    options: {
        multipleSlots: true
    }
})
```

在小程序首页使用多个插槽，示例代码如例 13.8 所示。

【例 13.8】在小程序首页使用多个插槽。

```
// page/index/index.wxml
<my-component inner-text="这是自定义组件的内容">
  <view slot="custom-1">这是自定义插槽 1</view>
  <view slot="custom-2">这是自定义插槽 2</view>
</my-component>
```

上面代码运行后的效果如图 13.5 所示。

如果要在自定义组件中声明某个事件，需要使用 triggerEvent()方法，指定事件名、detail 对象和事件选项。自定义组件绑定事件的示例代码如例 13.9 所示。

【例 13.9】自定义组件绑定事件。

图 13.5 在小程序首页使用多个插槽

```
// components/my-component/index.wxml
<view class="my-component">
    <view class="title">My-Component 组件</view>
    <view bindtap="onTap">点击这里</view>
</view>

// components/my-component/index.js
Component({
    methods: {
        onTap(){
```

< 192 >

```
        var myEventDetail={ // detail 对象，提供给事件监听函数
            msg: 'detail 的详情内容'
        }
        var myEventOption={} // 触发事件的选项
        this.triggerEvent('myevent', myEventDetail, myEventOption)
    }
  }
})
```

在小程序首页使用自定义组件的事件，示例代码如例 13.10 所示。

【例 13.10】在小程序首页使用自定义组件的事件。

```
// page/index/index.wxml
<my-component bindmyevent="onMyEvent"></my-component>

// page/index/index.js
Page({
  onMyEvent(detail){
    console.log(detail)
  }
})
```

上面代码运行后的页面显示效果如图 13.6 所示。

单击 "点击这里" 文本时，在微信开发者工具控制台中将输出自定义事件函数的参数值，如图 13.7 所示。

图 13.6　小程序首页显示效果　　　　　　　图 13.7　控制台输出效果

Vant Weapp
组件库

13.2 Vant Weapp 组件库

在小程序项目的实际开发中，一般会选择一款适合当前项目的第三方组件库，借助组件库封装好的组件来完成项目的 UI 部分开发。市面上有很多与微信小程序适配的组件库，本节将为读者讲解 Vant Weapp 组件库的使用。

Vant 是由有赞前端团队维护的移动端组件库，它于 2017 年开源，是业界主流的移动端组件库之一。目前 Vant 平台推出的微信小程序版本组件库（Vant Weapp）提供了将近 50 多款组件，基本能够满足小程序项目的开发需求。

13.2.1　安装 Vant Weapp 组件库

在安装 Vant Weapp 组件库之前，要确保开发环境中已经安装了 Node.js，因为需要使用 NPM 依赖

< 193 >

管理工具安装 Vant Weapp 组件库。

在微信开发者工具中，打开调试器窗口，并选择"终端"，此时将会在内置终端中打开当前的项目目录。

在终端先执行初始化 NPM 依赖的命令，命令语句如下。

```
# 初始化依赖
npm init -y
```

完成 NPM 初始化后，会在项目根目录下生成 package.json 配置文件，然后在终端中执行以下任意一个命令来安装组件库，命令语句如下。

```
# 通过 npm 安装
npm i @vant/weapp -S --production
```

```
# 通过 yarn 安装
yarn add @vant/weapp --production
```

```
# 安装 0.x 版本
npm i vant-weapp -S --production
```

本书中的所有依赖安装均使用 NPM 工具，后续将不做赘述。在终端中执行 NPM 安装命令的效果如图 13.8 所示。

执行 NPM 安装命令成功后，将会在项目的根目录下生成 node_modules 文件夹，下载的 Vant Weapp 依赖都存放在该文件夹。但是在小程序中无法直接使用 node_modules 文件夹下的依赖，需要通过执行"构建 npm"操作完成小程序内的依赖构建。

图 13.8 执行 NPM 安装命令的结果

在微信开发者工具中选择菜单栏中的"工具"→"构建 npm"，操作流程如图 13.9 所示。

单击"构建 npm"后，开始进行构建。构建完成后会弹框提示构建结果，并在项目的根目录下生成 miniprogram_npm 文件夹来管理 Vant Weapp 组件，构建成功提示如图 13.10 所示。

图 13.9 构建 npm 操作流程

图 13.10 构建成功提示

如果当前的小程序项目为最新版，在项目根目录下的 app.json 文件中将自动生成以下配置信息。

< 194 >

```
{
    "style": "v2"
}
```

在使用 Vant Weapp 组件库之前，需要将 app.json 中的"style": "v2" 配置项去除，这是因为小程序的新版基础组件强行添加了许多难以覆盖的样式，如果不关闭将会造成部分组件的样式混乱问题。

开发者工具创建的项目中，miniprogramRoot 默认为 miniprogram，package.json 文件地址默认在其外部，npm 构建工具无法正常工作。此时，开发者需要手动在 project.config.json 内添加如下配置，使开发者工具可以正确索引到 NPM 依赖的位置。

```
{
    ...
    "setting": {
        ...
        "packNpmManually": true,
        "packNpmRelationList": [
            {
                "packageJsonPath": "./package.json",
                "miniprogramNpmDistDir": "./"
            }
        ]
    }
}
```

完成上面的操作后，在项目根目录下的 app.json 全局配置文件中引入组件名称，即可在页面中使用该组件。以 Vant Weapp 的 button 组件为例来实现组件库的使用，示例代码如例 13.11 所示。

【例 13.11】引入 button 组件。

```
// app.json
{
    "usingComponents": {
        "van-button": "@vant/weapp/button/index"
    }
}

// page/index/index.wxml
<van-button loading type="info" loading-text="加载中..." />
```

上面代码运行后页面显示的效果如图 13.11 所示。

Vant Weapp 组件库对小程序的基础组件进行了封装，开发者可以通过该第三方组件的属性、事件、插槽快速实现比较复杂的 UI 开发。

图 13.11　Vant Weapp 的 button 组件

13.2.2　核心组件介绍

Vant Weapp 组件库主要提供了以下 6 类核心组件。

（1）基础组件

基础组件提供了构成页面基本元素的组件，如 Button 组件、Cell（单元格）组件、Icon 组件、Image 组件、Layout（布局）组件、Popup（弹出层）组件、Toast（轻提示）组件等。

（2）表单组件

表单组件提供了用于表单交互的元素组件，如 Field（输入框）组件、Radio 组件、Checkbox 组件、

< 195 >

Calendar（日历）组件、DatetimePicker（时间选择）组件、Rate（评分）组件、Search（搜索）组件、Slider（滑块）组件、Switch（开关）组件、Stepper（步进器）组件、Uploader（文件上传）组件等。除了有微信小程序提供的表单组件外，还封装了一些功能更加复杂的表单元素组件。

（3）反馈组件

反馈组件主要提供用户交互后的反馈结果显示方式，如 ActionSheet（动作面板）组件、Dialog（弹出框）、DropdownMenu（下拉菜单）组件、Loading（加载）组件、Notify（消息通知）组件、Overlay（遮罩层）组件、ShareSheet（分享面板）组件、SwipeCell（滑动单元格）组件等，这些组件实现了比微信小程序交互 API 更加复杂的反馈效果，可以直接在项目中引入使用。

（4）展示组件

展示组件主要用于页面数据的展示效果，如 Circle（环形进度条）组件、Collapse（折叠面板）组件、CountDown（倒计时）组件、Divider（分割线）组件、Empty（空状态）组件、NoticeBar（通知栏）组件、Progress（进度条）组件、Skeleton（骨架屏）组件、Steps（步骤条）组件、Sticky（粘性布局）组件、Tag（标签）组件等。

（5）导航组件

导航组件主要用于为页面的导航布局提供多样性的解决方案，如 Grid（宫格）组件、IndexBar（导航栏）组件、Sidebar（侧边导航）组件、Tab（标签页）组件、Tabbar（标签栏）组件、TreeSelect（分类选择）组件等，其中，Tabbar 组件的展示效果与微信小程序 app.json 全局配置中的 tabBar 配置项的效果类似。如果想要让 Vant Weapp 组件库中的 Tabbar 组件实现与原生 tabBar 底部 tab 栏一样的功能，可以通过 tabBar 配置项指定 tab 栏的表现。

（6）业务组件

业务组件是 Vant 团队根据内部项目需要封装的业务模块，如 Area（城市级联选择）组件、Card（商品卡片）组件、SubmitBar（提交订单栏）组件、GoodsAction（商品导航）组件。Vant 团队的内部业务需求主要是面向电商领域，所以封装的业务组件并不是通用型的业务组件，而是面向电商业务的部分功能模块。

13.2.3 组件的属性

Vant Weapp 的官方文档对每个组件都做了详细的说明，读者可登录 Vant 网站查看。

小程序的组件是由 4 个文件组成的，它们分别是 index.wxml、index.wxss、index.json、index.js 文件。每个小程序的自定义组件都可以对外提供自身的属性，让开发者更方便地修改组件的样式与部分功能。Vant Weapp 组件库也不例外，其每个组件都提供了一系列的属性。以 Button 组件为例，组件的部分属性及相关说明如表 13.1 所示。

表 13.1　Button 组件的部分属性及相关说明

属性名	类型	默认值	说明
id	string	—	唯一标识符
type	string	default	按钮类型，可选值为 primary、info、warning、danger
size	string	normal	按钮尺寸，可选值为 normal、large、small、mini
color	string	—	按钮颜色，支持传入 linear-gradient 渐变色
icon	string	—	左侧图标名称或图片链接
disabled	boolean	false	是否禁用按钮
plain	boolean	false	是否为朴素按钮
block	boolean	false	是否为块级元素按钮
round	boolean	false	是否为圆形按钮
square	boolean	false	是否为方形按钮

< 196 >

开发者可以通过该第三方组件快速实现页面 UI 的开发，还可以通过组件提供的属性快速实现对组件样式和功能的修改，从而完成更加复杂的 UI 开发。这也是组件化开发的优势之一。以 Layout 组件和 Button 组件为例实现多种按钮样式的展示效果，示例代码如例 13.12 所示。

【例 13.12】Button 组件样式。

```
// page/index/index.json
{
  "usingComponents": {
    "van-row": "@vant/weapp/row/index",
    "van-col": "@vant/weapp/col/index",
    "van-button": "@vant/weapp/button/index"
  }
}

// page/index/index.wxml
<van-row gutter="20">
  <van-col span="8">
    <van-button
        type="primary"
        size=""
        block
        round
    >按钮</van-button>
  </van-col>
  <van-col span="8">
    <van-button
        type="warning"
        size="small"
        icon="star-o"
        block
    >按钮</van-button>
  </van-col>
  <van-col span="8">
    <van-button
        type="danger"
        size="mini"
        plain
    >按钮</van-button>
  </van-col>
</van-row>
```

上面代码运行后的页面效果如图 13.12 所示。

图 13.12　Button 组件的多种样式效果

13.2.4　组件的事件与插槽

Vant Weapp 组件库中的大部分组件都封装了事件处理。虽然 Vant Weapp 组件库是在微信小程序平台提供的组件基础上做的二次封装，但是对微信小程序组件做了大量的优化，并新增了很多的事件处理。以输入框组件为例，微信小程序的输入框组件命名为"Input"，而在 Vant Weapp 组件库中输入框组件被命名为 "Field"，并且在 Field 组件上封装了很多事件。Field 组件的事件及相关说明如表 13.2 所示。

< 197 >

表 13.2　Field 组件的事件及相关说明

事件名	说明
bind:input	输入内容时触发
bind:change	组件的值发生改变时触发
bind:confirm	点击"完成"按钮时触发
bind:click-icon	点击尾部图标时触发
bind:focus	输入框聚焦时触发
bind:blur	输入框失焦时触发
bind:clear	点击清空控件时触发
bind:click-input	点击输入区域时触发
bind:linechange	输入框行数变化时调用
bind:keyboardheightchange	键盘高度发生变化时触发

Vant Weapp 组件库与微信小程序组件的插槽用法一致，如果一个组件中有多个插槽，需要指定插槽的名称。以 Field 组件为例，组件的事件与插槽的用法示例代码如例 13.13 所示。

【例 13.13】Field 组件事件与插槽用法。

```
// page/index/index.json
{
  "usingComponents": {
    "van-cell": "@vant/weapp/cell/index",
    "van-cell-group": "@vant/weapp/cell-group/index",
    "van-button": "@vant/weapp/button/index",
    "van-field": "@vant/weapp/field/index"
  }
}

// page/index/index.wxml
<van-cell-group>
  <van-field
    value="{{ sms }}"
    center
    clearable
    label="短信验证码"
    placeholder="请输入验证码"
    border="{{ false }}"
    use-button-slot
  >
    <van-button slot="button" size="small" type="primary">
    发送验证码
    </van-button>
  </van-field>
</van-cell-group>
```

上面代码运行后的页面显示效果如图 13.13 所示。

13.2.5　业务组件

Vant Weapp 组件库提供的业务组件主要是依托 Vant 平台内部业务需求开发的功能模块，大部分都是涉及电商业务的应用场景。其中包括城市级联选择组件、商品展示组件、提交订单栏组件、商品导航组件、地址编辑组

图 13.13　输入框显示效果

< 198 >

件、地址列表组件、联系人卡片组件、联系人列表组件、优惠券组件等多种场景的业务组件，它们能够满足电商业务的基本需求。

业务组件的用法与其他组件类似，为开发者提供了组件属性、组件事件和组件插槽。由于业务组件比基础组件更加复杂，基本实现了一些模块的完整功能，因此开发者在使用业务组件的事件时要详细了解每个事件的触发时机。而且在业务组件中提供了丰富的插槽，开发者通过插槽可以快速实现更加复杂的 UI 开发。

Card 组件的插槽使用示例代码如例 13.14 所示。

【例 13.14】Card 组件的插槽使用。

```
// page/index/index.json
{
  "usingComponents": {
    "van-card": "@vant/weapp/card/index",
    "van-icon": "@vant/weapp/icon/index",
    "van-tag": "@vant/weapp/tag/index",
    "van-stepper": "@vant/weapp/stepper/index"
  }
}

// page/index/index.wxml
<van-card
  price="2.00"
  thumb="https://img.yzcdn.cn/vant/ipad.jpeg"
>
  <view slot="title">
    <van-icon name="fire" color="#ee0a24" />
    <text class="goods-title">限量版平板电脑</text>
    <van-tag type="danger">热卖</van-tag>
  </view>
  <view slot="desc" class="goods-desc">
    <van-tag plain type="warning">限量发售</van-tag>
    <van-tag plain type="warning">热卖款</van-tag>
    <van-tag plain type="warning">三包</van-tag>
  </view>
  <view slot="footer">
    <van-stepper value="{{ buyNum }}" bind:change="onNumChange" />
  </view>
</van-card>

// page/index/index.wxss
.goods-title {
    font-size: 30rpx;
    font-weight: bold;
    margin-bottom: 20rpx;
    margin: 0px 10rpx;
}
.goods-desc {
    margin-top: 25rpx;
}
.goods-desc van-tag {
    margin: 10rpx;
}
```

< 199 >

```
// page/index/index.js
Page({
  data: {
    buyNum: 1
  },
  onNumChange(event) {
    this.setData({
      buyNum: event.detail
    })
  }
})
```

上面代码运行后的页面显示效果如图 13.14 所示。

在例 13.14 中一共使用了 4 种组件，其中 van-icon 组件、van-tag 组件以及 van-stepper 组件都是作为 van-card 组件的插槽使用的。点击右下角 van-stepper 组件的"+"或"−"按钮时会触发 Page 构造器参数中定义的 onNumChange()方法，然后通过该方法修改 data 中绑定的 buyNum 值。

图 13.14　Card 组件显示效果

13.3　本章小结

本章主要介绍了微信小程序的自定义组件开发，以及 Vant Weapp 第三方组件库的使用。在小程序的项目开发中，开发者通常会选择适合当前项目的组件库，在组件库提供的组件基础上完成项目的开发。如果组件库提供的组件不能满足项目的实际需求，开发者需要根据需求封装自定义组件。掌握自定义组件的封装是小程序开发者必备的技能之一。

13.4　习题

1．填空题

（1）自定义组件必须包含_____、_____、_____、_____4 个文件。

（2）声明自定义组件需要在配置文件中声明_____字段的值为_____。

（3）在自定义组件内部使用_____标记来承载组件引用时提供的子节点。

2．选择题

（1）下列不属于微信小程序平台提供的表单组件的是（　　　）。

    A．button　　　　　B．checkbox　　　　　C．field　　　　　D．input

（2）下列属于 Vant Weapp 组件库中用于布局的组件是（　　　）。

    A．Cell　　　　　　B．Layout　　　　　　C．Style　　　　　D．Dialog

< 200 >

第14章 项目实战：电影之家小程序

本章学习目标

- 掌握微信小程序项目的环境搭建。
- 掌握微信小程序组件的使用。
- 掌握微信小程序 API 的使用。

本章将进入微信小程序项目实战阶段。开发微信小程序时，需要先注册小程序的 AppID，然后搭建小程序的开发环境。通过对本章的学习，读者将了解到微信小程序的整个开发流程。

14.1 项目简介

项目简介

14.1.1 项目概述

本项目是一款推荐热门电影的微信小程序，其包含了热门电影推荐、电影搜索、影评等功能模块。开发该微信小程序时使用了 LinUI 组件库，并在小程序中封装了自定义组件。该微信小程序是由 5 个页面组成的，它们分别是电影推荐首页、电影详情页、电影列表页、影评列表页、影评详情页。窗口底部有两个 tab 组件，它们用于切换电影推荐和影评页面。

该微信小程序中的数据均来自开源的豆瓣影评接口。在项目的实际开发中，开发者可以根据自身需求部署后端服务器，并在小程序中请求后端服务器接口。

14.1.2 项目演示

打开该微信小程序后默认进入首页，首页为电影推荐，其包括正在热映、即将上映、豆瓣 Top250 3 个版块。首页还提供了电影搜索功能，用户输入电影名称后点击键盘上的"完成"按钮，页面即可跳转到电影搜索结果页，电影搜索结果页与电影列表页的效果类似。电影推荐首页效果如图 14.1 所示。

点击首页的某个电影之后，跳转到电影详情页。在电影详情页中，用户可以查看该电影的标题、海报、上映时间、上映地区、电影基本信息、演员列表以及剧情介绍。电影详情页效果如图 14.2 所示。

电影推荐首页的每个版块右上角提供了"更多"链接，点击该链接后可以跳转到更多电影列表页；如果在首页顶部的搜索框中输入电影名称并点击"搜索"按钮，也可以跳转到电影列表页。例如，点击正在热映版块的"更多"链接，会跳转到电影列表页（见图 14.3），并在顶部的页面标题中显示当前查看的版块名称。

小程序窗口底部有"电影"和"影评"两个链接，点击"影评"链接时跳转到影评列表页。在影评列表页中，使用了热门影评推荐的轮播图特效，并且可以查看评价的电影名称、电影海报以及剧情介绍。影评列表页效果如图 14.4 所示。

图 14.1　电影推荐首页

图 14.2　电影详情页

图 14.3　正在热映电影列表页

图 14.4　影评列表页

在影评列表页中，点击某个影评之后会跳转到影评详情页。影评详情页效果如图 14.5 所示。

影评详情页中提供了"收藏"按钮和"分享"按钮，用户单击"收藏"按钮时会将当前小程序页面收藏到微信客户端中。影评收藏成功的效果如图 14.6 所示。

如果已经收藏了该影评页，"收藏"按钮会变成高亮效果，再次点击"收藏"按钮可以取消收藏。用户点击"分享"按钮时会从窗口底部弹出分享菜单，效果如图 14.7 所示。

图 14.5　影评详情页

图 14.6　影评收藏成功的效果

图 14.7　分享菜单

在小程序的实际开发过程中，开发者可以根据需求增加分享的"渠道"。

14.2　项目创建

14.2.1　创建小程序

创建小程序项目之前需要先申请小程序账号（关于小程序账号申请的流程，本小节不再赘述）。申请完小程序账号之后，打开本地的微信开发者工具，并创建电影小程序项目，如图 14.8 所示。

< 202 >

图 14.8　创建电影小程序项目

填写好小程序基本信息后，单击"确定"按钮，进入小程序开发界面。新建的小程序会自动生成初始化的文件和代码，开发者需要将初始化代码删除，再根据项目功能模块新建小程序的文件结构。

14.2.2　项目文件结构

小程序项目的根目录下除了全局配置文件之外，还需要根据项目需求创建文件夹。电影小程序项目的文件结构如下所示。

```
- movie-miniprogram （项目根目录）
  - components （公共组件管理目录）
  - data （公共数据管理目录）
  - images （公共图片管理目录）
  - pages （页面管理目录）
  - utils （工具模块管理目录）
  - app.js （全局 JS 文件）
  - app.json （全局 JSON 文件）
  - app.wxss （全局样式文件）
  - project.config.json （项目配置文件）
  - sitemap.json （项目索引规则文件）
```

如果使用 NPM 工具安装了第三方依赖，还需要执行以下 NPM 初始化命令。

```
npm init -y
```

NPM 初始化命令执行成功后会生成 package.json 和 package-lock.json 文件，并且在安装依赖后会生成 node_modules 目录。在小程序中使用 NPM 安装的第三方依赖需要通过微信开发者工具构建后才能使用，在构建 NPM 过程中会生成 miniprogram_npm 目录。所以在完成小程序的项目环境搭建后，项目的文件结构会变成图 14.9 所示的效果。

小程序中创建的公共组件都要放在 components 目录下，还需要对该目录继续拆分确保每一个组件都是一个独立的文件夹。pages

图 14.9　电影推荐小程序的完整目录结构

< 203 >

目录中的页面也遵循相同的创建规则。

14.2.3 安装组件库

本项目采用了 Lin UI 组件库实现小程序的 UI 开发。Lin UI 是基于微信小程序原生语法实现的组件库，组件是采用微信小程序的原生语法编写的，开发者只需要熟悉初级的 HTML、CSS、JavaScript 和微信小程序的相关知识就能上手开发；同时既可以一次性加载所有的代码，也可以选择只加载使用到的某些组件的代码。Lin UI 组件遵循统一的设计规范、接口标准和事件冒泡机制，从而减少开发者查阅文档的时间成本，提升开发效率。

Lin UI 组件库可以使用 NPM 安装。安装前，打开小程序的项目根目录，执行下面的命令。

```
npm init -y
```

此时，会生成一个 package.json 文件。然后执行下面的命令安装 Lin UI 组件库。

```
npm install lin-ui
```

命令执行成功后会在根目录中生成项目依赖文件夹 node_modules/lin-ui，然后用微信开发者工具提供的 "构建 npm" 功能，等待构建完成即可。

14.3 项目开发

14.3.1 电影推荐首页开发

开发小程序页面之前需要先创建页面文件。电影推荐小程序一共有 5 个页面，在 pages 目录下有 5 个页面文件夹。

- movies：电影推荐首页文件夹。
- movie-detail：电影详情页文件夹。
- more-movie：电影列表页文件夹。
- posts：影评列表页文件夹。
- post-detail：影评详情页文件夹。

小程序页面创建后，需要确保 app.json 配置文件中正确地配置页面路径，并且设置项目的底部 tab 栏。app.json 配置文件代码如例 14.1 所示。

【例 14.1】app.json 配置文件。

```
{
  "pages": [
    "pages/movies/movies",
    "pages/posts/posts",
    "pages/post-detail/post-detail",
    "pages/more-movie/more-movie",
    "pages/movie-detail/movie-detail"
  ],
  "window": {
    "navigationBarBackgroundColor": "#C22A1E"
  },
  "tabBar": {
    "borderStyle": "white",
```

< 204 >

```
      "selectedColor": "#333333",
      "position": "bottom",
      "color": "#999999",
      "list": [
        {
          "text": "电影",
          "pagePath": "pages/movies/movies",
          "iconPath": "/images/tab/movie.png",
          "selectedIconPath": "/images/tab/movie@highlight.png"
        },
        {
          "text": "影评",
          "pagePath": "pages/posts/posts",
          "iconPath": "/images/tab/post.png",
          "selectedIconPath": "/images/tab/post@highlight.png"
        }
      ]
    },
    "requiredBackgroundModes": [
      "audio",
      "location"
    ],
    "sitemapLocation": "sitemap.json",
    "usingComponents": {
      "movie": "/components/movie/index",
      "l-search-bar": "/miniprogram_npm/lin-ui/search-bar/index",
      "l-rate":"/miniprogram_npm/lin-ui/rate/index"
    }
}
```

　　小程序首页中的 3 个电影推荐版块样式基本相同，开发时可以把电影推荐版块抽象成独立的组件。在 components 目录下创建 movie 组件和 movie-list 组件。

　　movie 组件的代码如例 14.2 所示。

　　【例 14.2】movie 组件代码。

```
// components/movie/index.json
{
  "component": true
}

// components/movie/index.wxml
<view bind:tap="onGoToDetail" class="container">
    <image
        wx:if="{{showImage}}"
        class="poster"
        src="{{movie.images.large}}"
        binderror="onError"
    ></image>
    <image
        wx:else
        class="poster"
        src="{{defaultImage}}"
    ></image>
    <text class="title">{{movie.title}}</text>
    <view class="rate-container">
```

< 205 >

```
    <l-rate
        disabled="{{true}}"
        size="22"
        score="{{movie.rating.stars/10}}"
    />
    <text class="score">{{movie.rating.average}}</text>
    </view>
</view>

// components/movie/index.js
Component({
  /**
   * 组件的属性列表
   */
  properties: {
    movie:Object
  },
  /**
   * 组件的初始数据
   */
  data: {
    showImage: true,
    defaultImage: '/images/default-img.jpg'
  },
  /**
   * 组件的方法列表
   */
  methods: {
    onGoToDetail(event){
      // console.log(this.properties.movie)
      const mid=this.properties.movie.id
      wx.navigateTo({
        url: '/pages/movie-detail/movie-detail?mid='+mid
      })
    },
    onError(event){
      // 图片加载异常
      this.setData({
        showImage: false
      })
    }
  }
})

// components/movie/index.wxss
.container{
  display: flex;
  flex-direction: column;
  width: 200rpx;
}
.poster{
  width: 100%;
  height: 270rpx;
  margin-bottom: 22rpx;
}
```

< 206 >

```
.title{
  white-space: nowrap;
  text-overflow: ellipsis;
  overflow: hidden;
  word-break: break-all;
}
.rate-container{
  margin-top:6rpx;
  display: flex;
  flex-direction: row;
  align-items: baseline;
}
.score{
  margin-left:20rpx;
  font-size:24rpx;
}
```

在 movie-list 组件中引入 movie 组件，代码如例 14.3 所示。

【例 14.3】movie-list 组件代码。

```
// components/movie-list/index.json
{
  "component": true,
  "usingComponents": {
    "movie":"/components/movie/index"
  }
}

// components/movie-list/index.wxml
<view class="container f-class">
 <view class="title-container">
  <text>{{title}}</text>
  <text class="more-text">更多 ></text>
  </view>
  <view class="movie-container">
  <block wx:for="{{movies}}" wx:key="index">
    <movie movie="{{item}}" />
  </block>
  </view>
</view>

 // components/movie-list/index.js
Component({
  /**
   * 组件的属性列表
   */
  externalClasses:['f-class'],
  properties: {
    title:String,
    movies:Array
  }
})

// components/movie-list/index.wxss
.container{
```

< 207 >

```
  padding: 36rpx 36rpx;
  background-color: #ffffff;
}
.title-container{
  display: flex;
  flex-direction: row;
  justify-content: space-between;
  margin-bottom: 28rpx;
}
.movie-container{
  display: flex;
  flex-direction: row;
  justify-content: space-between;
}
.more-text{
  color: #1f4ba5;
}
```

开发完 movie 组件和 movie-list 组件后，需要在电影推荐首页的代码中引入这两个公共组件。电影推荐首页的代码如例 14.4 所示。

【例 14.4】电影推荐首页代码。

```
// pages/movies/movies.json
{
  "usingComponents": {
    "movie-list":"/components/movie-list/index",
    "l-search-bar":"/miniprogram_npm/lin-ui/search-bar/index"
  },
  "navigationBarTitleText":"电影推荐"
}


// pages/movies/movies.wxml
<!-- 搜索框 -->
<l-search-bar bind:lincancel="onSearchCancel" bind:linconfirm="onConfirm" l-class=
"ex-search-bar" placeholder="长津湖"/>
<!-- 电影推荐版块 -->
<view wx:if="{{!searchResult}}">
  <movie-list
    data-type="in_theaters"
    bind:tap="onGotoMore"
    movies="{{inTheaters}}"
    title="正在热映"
    f-class="movie-list"
  />
  <movie-list
    data-type="coming_soon"
    bind:tap="onGotoMore"
    movies="{{comingSoon}}"
    title="即将上映"
    f-class="movie-list"
  />
  <movie-list
    data-type="top250"
    bind:tap="onGotoMore"
```

< 208 >

```
      movies="{{top250}}"
      title="豆瓣 Top250"
      f-class="movie-list"
    />
  </view>
  <!-- 搜索结果列表 -->
  <view class="search-container" wx:else>
    <block wx:for="{{searchData}}" wx:key="index">
      <movie class="movie" movie="{{item}}" />
    </block>
  </view>

// pages/movies/movies.js
const app=getApp()
Page({
  /**
   * 页面的初始数据
   */
  data: {
    inTheaters:[],
    comingSoon:[],
    top250:[],
    searchResult:false,
    searchData:[]
  },
  /**
   * 生命周期函数——监听页面加载
   */
  onLoad: function (options){
    wx.request({
      url: app.gBaseUrl+'in_theaters',
      data:{
        start:0,
        count:3
      },
      success:(res)=>{
        console.log(res.data.subjects)
        this.setData({
          inTheaters:res.data.subjects
        })
      }
    })
    wx.request({
      url: app.gBaseUrl+'coming_soon',
      data:{
        start:0,
        count:3
      },
      success:(res)=>{
        this.setData({
          comingSoon:res.data.subjects
        })
      }
    })
```

< 209 >

```
  wx.request({
    url: app.gBaseUrl+'top250',
    data:{
      start:0,
      count:3
    },
    success:(res)=>{
      this.setData({
        top250:res.data.subjects
      })
    }
  })
},
onGotoMore(event){
  console.log(event)
  const type=event.currentTarget.dataset.type
  wx.navigateTo({
    url: '/pages/more-movie/more-movie?type='+type,
  })
},
onConfirm(event){
  this.setData({
    searchResult:true
  })
  wx.request({
    url: app.gBaseUrl+'search',
    data:{
      q:event.detail.value
    },
    success:(res)=>{
      this.setData({
        searchData:res.data.subjects
      })
    },
  })
},
onSearchCancel(event){
  this.setData({
    searchResult:false
  })
},
/**
 * 生命周期函数——监听页面初次渲染完成
 */
onReady: function(){},
/**
 * 生命周期函数——监听页面显示
 */
onShow: function(){},
/**
 * 生命周期函数——监听页面隐藏
 */
onHide: function(){},
/**
 * 生命周期函数——监听页面卸载
```

< 210 >

```
  */
  onUnload: function(){},
  /**
   * 页面相关事件处理函数——监听用户下拉动作
   */
  onPullDownRefresh: function(){},
  /**
   * 页面上拉触底事件的处理函数
   */
  onReachBottom: function(){},
  /**
   * 用户点击右上角分享
   */
  onShareAppMessage: function(){}
})

// pages/movies/movies.wxss
.movie-list{
  margin-bottom: 30rpx;
}
.ex-search-bar{
  height: 90rpx !important;
}
.search-container{
  display: flex;
  flex-direction: row;
  flex-wrap: wrap;
  padding: 30rpx 28rpx;
  justify-content: space-between;
}
.search-container::after{
  content:'';
  width:200rpx;
}
page{
  background-color: #f2f2f2;
}
```

　　当用户在首页搜索框中输入电影名称并点击"搜索"按钮时，可以搜索相关的影片，搜索结果的页面效果如图 14.10 所示。

14.3.2　电影列表开发

　　在电影推荐首页的电影推荐版块中有一个"更多"链接，用户点击"更多"链接时页面跳转到电影列表页。当点击不同电影推荐版块的"更多"链接时，打开的页面顶部导航栏标题显示该版块的名称。电影推荐版块的"更多"链接如图 14.11 所示。

　　当点击不同版块的"更多"时，跳转到的电影列表页标题不同，效果如图 14.12 所示。

图 14.10　电影搜索结果页面

< 211 >

图 14.11　电影推荐版块的"更多"链接

图 14.12　正在热映版块的电影列表页

电影列表页的代码如例 14.5 所示。

【例 14.5】电影列表页代码。

```
// pages/more-movie/more-movie.json
{
  "usingComponents": {
    "movie":"/components/movie/index"
  },
  "enablePullDownRefresh":true
}

// pages/more-movie/more-movie.wxml
<view class="container">
<block wx:for="{{movies}}" wx:key="index">
    <movie class="movie" movie="{{item}}" />
</block>
</view>

// pages/more-movie/more-movie.js
const app=getApp()
Page({
  /**
   * 页面的初始数据
   */
  data: {
    movies:[],
    _type:''
  },
  /**
   * 生命周期函数——监听页面加载
   */
  onLoad: function(options){
    const type=options.type
    this.data._type=type
    wx.request({
      url: app.gBaseUrl+type,
      data:{
```

< 212 >

```
        start:0,
        count:12
      },
      success:(res)=>{
        console.log(res)
        this.setData({
          movies:res.data.subjects
        })
      }
    })
  },
  /**
   * 生命周期函数——监听页面初次渲染完成
   */
  onReady: function(){
    let title='电影'
    switch(this.data._type){
      case 'in_theaters':
        title='正在热映'
        break
      case 'coming_soon':
        title='即将上映'
        break
      case 'top250':
        title='豆瓣 Top250'
        break
    }
    wx.setNavigationBarTitle({
      title: title,
    })
  },
  /**
   * 生命周期函数——监听页面显示
   */
  onShow: function(){},
  /**
   * 生命周期函数——监听页面隐藏
   */
  onHide: function(){},
  /**
   * 生命周期函数——监听页面卸载
   */
  onUnload: function(){},
  /**
   * 页面相关事件处理函数——监听用户下拉动作
   */
  onPullDownRefresh: function(){
    wx.request({
      url: app.gBaseUrl+this.data._type,
      data:{
        start:0,
        count:12,
      },
```

< 213 >

```
      success:(res)=>{
        this.setData({
          movies:res.data.subjects
        })
        wx.stopPullDownRefresh()
      }
    })
  },
  /**
   * 页面上拉触底事件的处理函数
   */
  onReachBottom: function(){
    wx.showNavigationBarLoading()
    wx.request({
      url: app.gBaseUrl+this.data._type,
      data:{
        start: this.data.movies.length,
        count:12
      },
      success:(res)=>{
        console.log(res)
        this.setData({
          movies:this.data.movies.concat(res.data.subjects)
        })
        wx.hideNavigationBarLoading()
      }
    })
  },
  /**
   * 用户点击右上角分享
   */
  onShareAppMessage: function(){}
})

// pages/more-movie/more-movie.wxss
.container{
  display: flex;
  flex-direction: row;
  flex-wrap: wrap;
  padding: 30rpx 28rpx;
  justify-content: space-between;
}
.movie{
  margin-bottom: 30rpx;
}
```

14.3.3　电影详情页开发

无论是在电影推荐首页还是在电影列表页，当用户点击电影标题或电影图片时，页面会跳转到电影详情页。电影详情页代码如例 14.6 所示。

【例 14.6】电影详情页代码。

```
// pages/movie-detail/movie-detail.json
{
```

< 214 >

```
  "navigationBarTitleText":"影片详情"
}

// pages/movie-detail/movie-detail.wxml
<view class="container">
  <image mode="aspectFill" class="head-img" src="{{movie.image}}">
  </image>
  <view  class="head-img-hover">
    <text class="main-title">{{movie.title}}</text>
    <text class="sub-title">{{movie.subtitle}}</text>
    <view class="like">
      <text class="highlight-font">{{movie.wishCount}}</text>
      <text class="plain-font">人喜欢</text>
      <text class="highlight-font">{{movie.commentsCount}}</text>
      <text class="plain-font">条评论</text>
    </view>
    <image bind:tap="onViewPost" class="movie-img" src="{{movie.image}}">
    </image>
  </view>
  <view class="summary">
    <view class="original-title">
      <text>{{movie.title}}</text>
    </view>
    <view class="flex-row">
      <text class="mark">评分</text>
      <view class="score-container">
      <l-rate disabled="{{true}}" size="22" score="{{movie.rating}}" />
      <text class="average">{{movie.average}}</text>
      </view>
    </view>
    <view class="flex-row">
      <text class="mark">导演</text>
      <text>{{movie.directors}}</text>
    </view>
    <view class="flex-row">
      <text class="mark">影人</text>
      <text>{{movie.casts}}</text>
    </view>
    <view class="flex-row">
      <text class="mark">类型</text>
      <text>{{movie.genres}}</text>
    </view>
  </view>
  <view class="hr"></view>
  <view class="synopsis">
    <text class="synopsis-font">剧情简介</text>
    <text class="summary-content">{{movie.summary}}</text>
  </view>
  <view class="hr"></view>
  <view class="casts">
    <text class="cast-font"> 影人</text>
    <scroll-view  enable-flex scroll-x class="casts-container">
      <block wx:for="{{movie.castsInfo}}" wx:key="index">
```

< 215 >

```
        <view class="cast-container">
            <image class="cast-img" src="{{item.img}}"></image>
            <text>{{item.name}}</text>
        </view>
      </block>
    </scroll-view>
  </view>
</view>

// pages/movie-detail/movie-detail.js
import {convertToCastString, convertToCastInfos} from '../../utils/util.js'
const app=getApp()
Page({
  /**
   * 页面的初始数据
   */
  data: {
    movie:{}
  },
  /**
   * 生命周期函数——监听页面加载
   */
  onLoad: function(options){
    const mid=options.mid
    wx.request({
      url: app.gBaseUrl+'subject/'+mid,
      success:(res)=>{
        this.processMovieData(res.data)
      }
    })
  },
  processMovieData(movie){
    const data={}
    data.directors=convertToCastString(movie.directors)
    data.casts=convertToCastString(movie.casts)
    data.image=movie.images.large
    data.title=movie.title
    data.subtitle=movie.countries[0]+'·'+movie.year
    data.wishCount=movie.wish_count
    data.commentsCount=movie.comments_count
    data.rating=movie.rating.stars/10
    data.average=movie.rating.average
    data.genres=movie.genres.join('、')
    data.summary=movie.summary
    data.castsInfo=convertToCastInfos(movie.casts)
    this.setData({
      movie:data
    })
  },
  onViewPost(event){
    wx.previewImage({
      urls: [this.data.movie.images.large],
    })
  },
  /**
```

< 216 >

```
   * 生命周期函数——监听页面初次渲染完成
   */
  onReady: function(){},
  /**
   * 生命周期函数——监听页面显示
   */
  onShow: function(){},
  /**
   * 生命周期函数——监听页面隐藏
   */
  onHide: function(){},
  /**
   * 生命周期函数——监听页面卸载
   */
  onUnload: function(){},
  /**
   * 页面相关事件处理函数——监听用户下拉动作
   */
  onPullDownRefresh: function(){},
  /**
   * 页面上拉触底事件的处理函数
   */
  onReachBottom: function(){},
  /**
   * 用户点击右上角分享
   */
  onShareAppMessage: function(){}
})

// pages/movie-detail/movie-detail.wxss
.container{
  display: flex;
  flex-direction: column;
}
.head-img{
  width: 100%;
  height: 320rpx;
  -webkit-filter:blur(20px);
}
.head-img-hover{
  width: 100%;
  height: 320rpx;
  position: absolute;
  display: flex;
  flex-direction: column;
}
.main-title{
  font-size: 38rpx;
  color: #fff;
  font-weight: bold;
  letter-spacing: 2px;
  margin-top: 50rpx;
  margin-left: 40rpx;
```

< 217 >

```
}
.sub-title{
  font-size: 28rpx;
  color:#fff;
  margin-left: 40rpx;
  margin-top: 30rpx;
}
.like{
  display: flex;
  flex-direction: row;
  margin-top: 30rpx;
  margin-left: 40rpx;
}
.highlight-font{
  color: #f21146;
  font-size: 22rpx;
  margin-right: 10rpx;
}
.plain-font{
  color: #666;
  font-size: 22rpx;
  margin-right: 30rpx;
}
.movie-img{
  height: 238rpx;
  width: 175rpx;
  position: absolute;
  top: 160rpx;
  right: 30rpx;
}
.summary{
  margin-left: 40rpx;
  margin-top: 40rpx;
  color: #777777;
}
.original-title{
  color: #1f3463;
  font-size: 24rpx;
  font-weight: bold;
  margin-bottom: 40rpx;
}
.flex-row{
  display: flex;
  flex-direction: row;
  align-items: baseline;
  margin-bottom: 10rpx;
}
.mark{
  margin-right: 30rpx;
  white-space: nowrap;
  color: #999999;
}
.score-container{
  display: flex;
  flex-direction: row;
```

< 218 >

```
  align-items: baseline;
}
.average{
  margin-left: 20rpx;
  margin-top: 4rpx;
}
.hr{
  margin-top: 45rpx;
  width: 100%;
  height: 1px;
  background-color: #d9d9d9;
}
.synopsis{
  margin-left: 40rpx;
  display: flex;
  flex-direction: column;
  margin-top: 50rpx;
}
.synopsis-font{
  color: #999;
}
.summary-content{
  margin-top: 20rpx;
  margin-right: 40rpx;
  line-height: 40rpx;
  letter-spacing: 1px;
}
.casts{
  display: flex;
  flex-direction: column;
  margin-top: 50rpx;
  margin-left: 40rpx;
}
.cast-font{
  color: #999;
  margin-bottom: 40rpx;
}
.cast-img{
  width: 170rpx;
  height: 210rpx;
  margin-bottom: 10rpx;
}
.casts-container{
  display: flex;
  flex-direction: row;
  margin-bottom: 50rpx;
  margin-right: 40rpx;
  height: 300rpx;
}
.cast-container{
  display: flex;
  flex-direction: column;
  align-items: center;
  margin-right: 40rpx;
}
```

< 219 >

14.3.4 影评列表页开发

用户点击底部 tab 栏中的"影评"链接时，页面跳转到影评列表页。影评列表页中使用了轮播图组件，用以显示热推影评。影评列表页的代码如例 14.7 所示。

【例 14.7】影评列表页代码。

```
// pages/posts/posts.json
{
  "usingComponents": {
    "l-icon":"/miniprogram_npm/lin-ui/icon/index",
    "post":"/components/post/index"
  },
  "navigationBarBackgroundColor": "#C22A1E",
  "navigationBarTitleText": "电影评价"
}

// pages/posts/posts.wxml
<view>
    <swiper
        interval="3000"
        circular
        vertical="{{false}}"
        indicator-dots="{{true}}"
        autoplay="{{true}}"
    >
        <swiper-item>
            <image
                data-post-id="3"
                bind:tap="onGoToDetail1"
                src="/images/lpl.jpg"
            ></image>
        </swiper-item>
        <swiper-item>
            <image
                data-post-id="0"
                bind:tap="onGoToDetail"
                src="/images/hkdg.jpg"
            ></image>
        </swiper-item>
        <swiper-item>
            <image
                data-post-id="4"
                bind:tap="onGoToDetail"
                src="/images/jumpfly.png"
            ></image>
        </swiper-item>
    </swiper>
    <block
        wx:for="{{postList}}"
        wx:key="index"
        wx:for-item="item"
        wx:for-index="idx"
    >
        <post bind:posttap="onGoToDetail" res="{{item}}" />
```

< 220 >

```
    </block>
</view>

// pages/posts/posts.js
import {postList} from '../../data/data.js'
Page({
  /**
   * 生命周期函数——监听页面加载
   */
  async onLoad(options){
    wx.setStorageSync('flag', 2)
    const flag =await wx.getStorage({
      key: 'flag'
    })
    this.setData({
      postList
    })
  },
  onGoToDetail(event){
      const pid=event.currentTarget.dataset.postId | event.detail.pid
      wx.navigateTo({
        url:'/pages/post-detail/post-detail?pid='+pid
      })
  },
  /**
   * 生命周期函数——监听页面初次渲染完成
   */
  onReady(){},
  /**
   * 生命周期函数——监听页面显示
   */
  onShow: function(){},
  /**
   * 生命周期函数——监听页面隐藏
   * 条件触发
   */
  onHide: function(){},
  /**
   * 生命周期函数——监听页面卸载
   */
  onUnload: function(){},
  /**
   * 页面相关事件处理函数——监听用户下拉动作
   */
  onPullDownRefresh: function(){},
  /**
   * 页面上拉触底事件的处理函数
   */
  onReachBottom: function(){},
  /**
   * 用户点击右上角分享
   */
  onShareAppMessage: function(){}
```

< 221 >

```
})

// pages/posts/posts.wxss
swiper{
  width:100%;
  height:460rpx
}
swiper image{
  width:100%;
  height:460rpx
}
```

14.3.5 影评详情页开发

用户在影评列表页点击某个影评时，页面跳转到影评详情页。在影评详情页中可以对当前影评进行收藏和分享操作。影评详情页代码如例 14.8 所示。

【例 14.8】影评详情页代码。

```
// pages/post-detail/post-detail.json
{
  "navigationBarTitleText": "影评详情"
}

// pages/post-detail/post-detail.wxml
<view class="container">
    <image class="head-image" src="{{postData.headImgSrc}}"></image>
    <image
        wx:if="{{!isPlaying}}"
        bind:tap="onMusicStart"
        class="audio"
        src="/images/music/music-start.png"
    />
    <image
        bind:tap="onMusicStop"
        wx:else class="audio"
        src="/images/music/music-stop.png"
    />
    <view class="author-date">
        <image class="avatar" src="{{postData.avatar}}"></image>
        <text class="author">{{postData.author}}</text>
        <text class="const-text">发表于</text>
        <text class="date">{{postData.dateTime}}</text>
    </view>
    <text class="title">{{postData.title}}</text>
    <view class="tool">
        <view class="circle">
            <image
                wx:if="{{collected}}"
                bind:tap="onCollect"
                class=""
                src="/images/icon/collection.png"
            ></image>
            <image
                wx:else bind:tap="onCollect"
```

< 222 >

```
                class=""
                src="/images/icon/collection-anti.png"
            ></image>
            <image
                bind:tap="onShare"
                class="share-img"
                src="/images/icon/share.png"
            ></image>
        </view>
        <view class="horizon"></view>
    </view>
    <text class="detail">{{postData.detail}}</text>
</view>
```

```
// pages/post-detail/post-detail.js
import {postList} from '../../data/data.js'
const app=getApp()
Page({
  /**
   * 页面的初始数据
   */
  data: {
    postData:{},
    collected:false,
    isPlaying:false,
    _pid:null,
    _postsCollected:{},
    _mgr:null
  },
  /**
   * 生命周期函数——监听页面加载
   */
  onLoad: function(options){
    const postData=postList[options.pid]
    this.data._pid=options.pid
    const postsCollected=wx.getStorageSync('posts_collected')
    console.log(postsCollected)
    if(postsCollected){
      this.data._postsCollected=postsCollected
    }
    let collected=postsCollected[this.data._pid]
    if(collected===undefined){
      // 如果为 undefined, 说明文章从来没有被收藏过
      collected=false
    }
    this.setData({
      postData,
      collected,
      isPlaying: this.currentMusicIsPlaying()
    })
    const mgr=wx.getBackgroundAudioManager()
    this.data._mgr=mgr
    mgr.onPlay(this.onMusicStart)
    mgr.onPause(this.onMusicStop)
  },
```

< 223 >

```
currentMusicIsPlaying(){
  if(app.gIsPlayingMusic && app.gIsPlayingPostId===this.data._pid ){
    return true
  }
  return false
},
onMusicStart(event){
  const mgr=this.data._mgr
  const music=postList[this.data._pid].music
  mgr.src=music.url
  mgr.title=music.title
  mgr.coverImgUrl=music.coverImg
  app.gIsPlayingMusic=true
  app.gIsPlayingPostId=this.data._pid
  this.setData({
    isPlaying:true
  })
},
onMusicStop(event){
  const mgr=this.data._mgr
  mgr.pause()
  app.gIsPlayingMusic=false
  app.gIsPlayingPostId=-1
  this.setData({
    isPlaying:false
  })
},
async onShare(event){
  const result=await wx.showActionSheet({
    itemList: ['分享到QQ','分享到微信','分享到朋友圈']
  })
  console.log(result)
},
async onCollect(event){
  const postsCollected=this.data._postsCollected
  wx.getStorageSync('key')
  postsCollected[this.data._pid]=!this.data.collected
  this.setData({
    collected:!this.data.collected
  })
  wx.setStorageSync('posts_collected',postsCollected)
  wx.showToast({
    title: this.data.collected?'收藏成功':'取消收藏',
    duration: 3000
  })
},
/**
 * 生命周期函数——监听页面初次渲染完成
 */
onReady: function(){},
/**
 * 生命周期函数——监听页面显示
 */
onShow: function(){},
```

< 224 >

```
  /**
   * 生命周期函数——监听页面隐藏
   */
  onHide: function(){},
  /**
   * 生命周期函数——监听页面卸载
   */
  onUnload: function(){},
  /**
   * 页面相关事件处理函数——监听用户下拉动作
   */
  onPullDownRefresh: function(){},
  /**
   * 页面上拉触底事件的处理函数
   */
  onReachBottom: function(){},
  /**
   * 用户点击右上角分享
   */
  onShareAppMessage: function(){}
})

// pages/post-detail/post-detail.wxss
.container{
  display: flex;
  flex-direction: column;
}
.head-image{
  width: 100%;
  height: 460rpx;
}
.author-date{
  display: flex;
  flex-direction: row;
  align-items: center;
  margin-top: 20rpx;
  margin-left: 30rpx;
}
.avatar{
  width: 64rpx;
  height: 64rpx;
}
.author{
  font-size: 30rpx;
  font-weight: 300;
  margin-left: 20rpx;
  color: #666;
}
.const-text{
  font-size: 24rpx;
  color: #999;
  margin-left: 20rpx;
}
```

< 225 >

```
.date{
  font-size: 24rpx;
  margin-left: 30rpx;
  color: #999;
}
.title{
  margin-left: 40rpx;
  font-size: 36rpx;
  font-weight: 700;
  margin-top: 30rpx;
  letter-spacing: 2px;
  color: #4b556c;
}
.tool{
  display: flex;
  flex-direction: column;
  align-items: center;
  justify-content: center;
  margin-top: 20rpx;
}
.circle{
  display: flex;
  width: 660rpx;
  flex-direction: row;
  justify-content: flex-end;
}
.circle image{
  width: 90rpx;
  height: 90rpx;
}
.share-img{
  margin-left: 30rpx;
}
.horizon{
  width: 660rpx;
  height: 1px;
  background-color: #e5e5e5;
  position: absolute;
  z-index: -99;
}
.detail {
  color: #666;
  margin-left: 30rpx;
  margin-top: 20rpx;
  margin-right: 30rpx;
  line-height: 44rpx;
  letter-spacing: 2px;
}
.audio{
  width: 102rpx;
  height: 110rpx;
  position: absolute;
  left: 50%;
  margin-left: -51rpx;
```

< 226 >

```
  top: 185rpx;
  opacity: 0.6;
}
```

14.4 项目测试与发布

14.4.1 小程序功能测试

电影之家小程序项目中的功能测试主要包括图片加载状态、路由跳转状态、功能操作状态等几个方面的测试。当页面中获取网络请求后加载的图片未能显示时，需要显示默认图片。该项目中的功能操作测试主要是搜索功能、收藏与取消收藏功能、分享功能 3 个方面的测试。

以电影列表页为例，当图片加载失败时，需要使用监听事件来监听异常，并做出相应的处理。在电影列表页中，所有的电影展示图片都是使用 movie 组件渲染的。在 movie 组件中图片加载使用的是 image 组件，image 组件声明 binderror 事件来监听图片加载的异常状态，示例代码如例 14.9 所示。

【例 14.9】监听图片加载异常。

```
// components/movie/index.wxml
<image
      wx:if="{{showImage}}"
      class="poster"
      src="{{movie.images.large}}"
      binderror="onError"
></image>
<image
      wx:else
      class="poster"
      src="{{defaultImage}}"
></image>

// components/movie/index.js
Component({
  // 定义默认展示的图片
  data: {
    showImage: true,
    defaultImage: '/images/default-img.jpg'
  },
  /**
   * 组件的方法列表
   */
  methods: {
    onError(event) {
      // 图片加载异常
      this.setData({
        showImage: false
      })
    }
  }
})
```

< 227 >

当通过 HTTPS 网络请求获取的图片加载异常时，会触发 onError() 监听事件函数，此时将渲染默认图片，效果如图 14.13 所示。

14.4.2 小程序上传与发布

一般的软件开发流程是：开发者编写代码、自测开发版程序，直到程序达到一个稳定可体验的状态时，把这个体验版本发送给产品经理和测试人员进行体验测试，最后修复完程序的 Bug 后发布程序供外部用户正式使用。小程序的各版本权限如下所示。

（1）开发版本

使用开发者工具可将代码上传到开发版本中，开发版本只保留每人上传的最新一份代码。单击"提交审核"，可将代码提交审核。开发版本可删除，不影响线上版本和审核中版本的代码。

（2）体验版本

开发者可以选择某个开发版本作为体验版本。

（3）审核中版本

只能有一份代码处于审核中。有审核结果后可以发布到线上，也可直接重新提交审核，覆盖原审核版本。

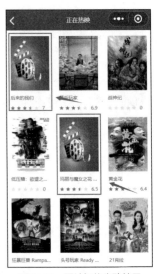

图 14.13　图片加载失败效果

（4）线上版本

线上版本，即线上所有用户使用的代码版本。该版本代码在新版本代码发布后被覆盖更新。

考虑到项目是协同开发的模式，一个小程序可能同时由多个开发者进行开发，并且往往开发者在小程序开发者工具上编写完代码后需要到手机上进行真机体验，所以每名开发者应该拥有自己对应的一个开发版本。处于开发中的版本是不稳定的，开发者随时会修改代码覆盖开发版本。为了让测试人员和产品经理有一个完整、稳定的版本可以体验测试，小程序平台允许把其中一个开发版本设置成体验版，因此建议在项目开发阶段分配一个特殊开发角色，用来上传稳定可供体验测试的代码，并把上传的开发版本设置成体验版。

为了保证小程序的质量并符合相关的规范，小程序的发布是需要经过审核的。审核通过之后，管理员的微信中会收到小程序通过审核的通知，此时登录小程序管理后台的"开发管理"中就可以看到通过审核的版本。单击"发布"按钮后，即可发布小程序。

小程序提供了两种发布模式：全量发布和分阶段发布。全量发布是指当单击"发布"按钮之后，所有用户访问小程序时都会使用当前最新的发布版本；分阶段发布是指分不同时间段来控制部分用户使用最新的发布版本，分阶段发布也称为灰度发布。一般来说，普通小程序发布时采用全量发布即可；当小程序承载的功能越来越多且使用的用户数越来越多时，采用分阶段发布是一个非常好的控制风险方法。

14.5　本章小结

问题是时代的声音，回答并指导解决问题是理论的根本任务。本章以电影推荐小程序为例介绍了小程序项目的基本开发流程。在小程序项目开发中，通常会选择第三方组件库，以方便开发者完成项目的 UI 开发。但是第三方组件库并不是万能的，当遇到特殊需求时或需要将部分功能代码抽取为独立组件时，都需要开发者封装自定义组件。

在项目开发时会经常用到微信小程序平台提供的组件与 API 接口，这就需要开发者熟练掌握小程序的开发文档，能够利用小程序的组件和 API 接口完成复杂的用户交互和模块功能。最后，开发者还需要了解项目的协同工作流程以及小程序的发布流程。

< 228 >

第15章 项目实战：美妆商城小程序

本章学习目标

- 掌握微信小程序项目的环境搭建。
- 掌握微信小程序组件的使用。
- 掌握微信小程序 API 的使用。

本章将以美妆商城小程序为例介绍小程序项目的开发流程。开发微信小程序时，需要先注册小程序的 AppID，然后搭建小程序的开发环境。通过对本章的学习，读者将了解到微信小程序的整个开发流程。

15.1 项目简介

项目简介

15.1.1 项目概述

本项目是一款美妆商城的微信小程序，其包含了商品展示、查看商品详情、提交订单、编辑收货人信息、订单介绍等功能模块。开发该微信小程序时使用了 Vant Weapp 组件库。该微信小程序是由 6 个页面组成的，它们分别是商城首页、商品列表页、商品详情页、订单信息页、收货地址页、订单结果页。

该微信小程序中的数据均来自本地模拟的静态数据。在项目的实际开发中，开发者可以根据自身需求部署后端服务器，并在小程序中请求后端服务器接口。

15.1.2 项目演示

打开该微信小程序后默认进入美妆商城首页，首页包括热销商品轮播、营销九宫格、热销商品推荐 3 个版块。美妆商城首页效果如图 15.1 所示。

点击营销九宫格，进入该分类下的商品列表页，商品列表页可以根据商品上架时间、销量、价格等条件排序。商品列表页效果如图 15.2 所示。

在商品列表页中点击商品图片可以跳转到商品详情页，商品详情页中主要展示商品主图、商品价格、商品标题、商品详情等基本信息。商品详情页效果如图 15.3 所示。

在商品详情页底部的导航中，点击"立即购买"按钮即可进入订单信息页，订单信息页主要展示当前购买商品的数量、付款总金额等商品信息和收货人信息。订单信息页效果如图 15.4 所示。

图 15.1 美妆商城首页

图 15.2 商品列表页

图 15.3 商品详情页

图 15.4 订单信息页

用户需要修改收货人地址时，可以在订单信息页中点击"修改"按钮，进入收货人信息编辑页面，如图 15.5 所示。

在订单信息页核对完订单信息无误后，用户点击"立即付款"按钮，进入微信支付流程（本项目对微信支付流程不做详细的介绍）。当用户支付成功后，页面跳转到订单结果页，并展示支付的结果，如图 15.6 所示。

图 15.5 收货人地址修改页

图 15.6 订单结果页

15.2 项目创建

15.2.1 创建小程序

创建小程序项目之前需要先申请小程序账号（关于小程序账号申请的流程，本小节不再赘述）。申请完小程序账号之后，打开本地的微信开发者工具，并创建美妆商城小程序项目，如图 15.7 所示。

填写好小程序基本信息后，单击"确定"按钮，进入小程序开发界面。新建的小程序会自动生成初始化的文件和代码，开发者需要将初始化代码删除，再根据项目功能模块新建小程序的文件结构。

< 230 >

图 15.7　创建美妆商城小程序项目

15.2.2　项目文件结构

　　小程序项目的根目录下除了全局配置文件之外，还需要根据项目需求创建文件夹。美妆商城小程序项目的文件结构如下所示。

```
- SHOPING  （项目根目录）
  - components  （公共组件管理目录）
  - data  （公共数据管理目录）
  - images  （公共图片管理目录）
  - pages  （页面管理目录）
  - app.js  （全局 JS 文件）
  - app.json  （全局 JSON 文件）
  - app.wxss  （全局样式文件）
  - project.config.json  （项目配置文件）
  - sitemap.json  （项目索引规则文件）
```

　　如果使用 NPM 工具安装了第三方依赖，还需要执行以下 NPM 初始化命令。

```
npm init -y
```

　　NPM 初始化命令执行成功后会生成 package.json 和 package-lock.json 文件，并且在安装依赖后会生成 node_modules 目录。在小程序中使用 NPM 安装的第三方依赖需要通过微信开发者工具构建后才能使用，在构建 NPM 过程中会生成 miniprogram_npm 目录。所以在完成小程序的项目环境搭建后，项目的文件结构会变成图 15.8 所示的效果。

　　小程序中创建的公共组件都要放在 components 目录下，还需要对该目录继续拆分确保每一个组件都是一个独立的文件夹。pages 目录中的页面也是相同的创建规则。

图 15.8　美妆商城小程序的完整目录结构

< 231 >

15.2.3 安装依赖

本项目采用 Vant Weapp 组件库。在安装该组件库之前需要先执行以下命令完成 NPM 配置文件的初始化。

```
npm init -y
```

此时，会生成一个 package.json 文件。然后执行下面的命令安装 Vant Weapp 组件库（详见 13.2.1 小节）。

```
npm i @vant/weapp -S --production
```

为了防止样式混乱，在该组件库安装成功后开发者还需要将 app.json 配置中的 style 字段去除。

15.3 项目开发

15.3.1 美妆商城首页开发

开发小程序页面之前需要先创建页面文件。美妆商城小程序一共有 6 个页面，在 pages 目录下有 6 个页面文件夹。

- home：美妆商城首页文件夹。
- goods-list：商品列表页文件夹。
- goods-detail：商品详情页文件夹。
- order-message：订单信息页文件夹。
- addressee：收件人信息页文件夹。
- order-result：订单结果页文件夹。

小程序页面创建后，需要在 app.json 文件中配置正确的页面路径，并且设置全局的导航栏配置。app.json 配置文件代码如例 15.1 所示。

【例 15.1】app.json 配置文件代码。

```
// app.json
{
  "pages":[
    "pages/home/home",
    "pages/goods-list/goods-list",
    "pages/goods-detail/goods-detail",
    "pages/order-message/order-message",
    "pages/order-result/order-result",
    "pages/addressee/addressee"
  ],
  "window":{
    "backgroundTextStyle":"light",
    "navigationBarBackgroundColor": "#EA3F49",
    "navigationBarTitleText": "美妆商城",
    "navigationBarTextStyle": "white"
  },
  "sitemapLocation": "sitemap.json"
}
```

在美妆商城首页的热销商品推荐版块中，开发者需要把商品图片抽取成独立组件。在 components

< 232 >

目录下创建 goods-card 组件，该组件代码如例 15.2 所示。

　　【例 15.2】goods-card 组件代码。

```
// components/goods-card/index.json
{
    "component": true
}


// components/goods-card/index.wxml
<view class="goods-card">
    <view class="goods-mainpic">
        <image class="goods-image" src="{{mainPic}}"></image>
    </view>
    <view class="goods-price">¥{{price}}</view>
    <view class="goods-title">{{title}}</view>
</view>


// components/goods-card/index.js
Component({
    /**
     * 组件的属性列表
     */
    properties: {
        title: {
            type: String,
            default: ''
        },
        price: {
            type: Number,
            default: 0
        },
        mainPic: {
            type: String,
            default: ''
        }
    }
})


// components/goods-card/index.wxss
.goods-card {
    width: 47%;
    height: 450rpx;
    margin: 20rpx 10rpx;
    box-sizing: border-box;
    padding: 15rpx;
    border: 1px solid #eee;
    box-shadow: 5rpx 5rpx 10rpx rgba(0, 0, 0, 0.08);
    border-radius: 10rpx;
    overflow: hidden;
    float: left;
}
.goods-mainpic {
    width: 100%;
    height: 66%;
}
```

< 233 >

```
.goods-image {
    width: 100%;
    height: 100%;
}
.goods-price {
    padding: 0px 10rpx;
    margin: 15rpx 0rpx;
    font-size: 35rpx;
    color: #e4393c;
}
.goods-title {
    padding: 0px 10rpx;
    font-size: 25rpx;
    overflow: hidden;
    text-overflow: ellipsis;
    display:-webkit-box;
    -webkit-box-orient:vertical;
    -webkit-line-clamp:2;
}
```

开发完 goods-card 组件后，在美妆商城首页引入 goods-card 组件，并使用 Vant Weapp 组件库的宫格组件和轮播组件，开发美妆商城首页的页面。美妆商城首页代码如例 15.3 所示。

【例 15.3】美妆商城首页代码。

```
// pages/home/home.json
{
  "usingComponents": {
    "van-grid": "@vant/weapp/grid/index",
    "van-grid-item": "@vant/weapp/grid-item/index",
    "van-divider": "@vant/weapp/divider/index",
    "goods-card": "/components/goods-card/index"
  }
}

// pages/home/home.wxml
<view class="home-container">
    <!-- 轮播 -->
    <swiper
        indicator-dots
        autoplay
        circular
        indicator-color="#ccc"
        indicator-active-color="#EA3F49"
        class="swiper"
    >
        <swiper-item
            wx:for="{{swiperImages}}"
            wx:key="index"
            class="swiper-item">
            <image
                src="{{item}}"
                class="swiper-item-img"
            ></image>
        </swiper-item>
    </swiper>
```

< 234 >

```
<!-- 宫格 -->
<van-grid class="grid-body" column-num="4">
    <van-grid-item
        wx:for="{{gridObjs}}"
        wx:key="index"
        icon="{{item.icon}}"
        text="{{item.text}}"
        bindclick="onClickGrid"
    />
</van-grid>
<van-divider contentPosition="center">
    热销商品
</van-divider>
<!-- 商品列表 -->
<view class="hot-goods-list">
    <goods-card
        wx:for="{{goodsData}}"
        wx:key="index"
        title="{{item.title}}"
        price="{{item.price}}"
        main-pic="{{item.smallPic}}"
        bindtap="onClickGoods"
        data-index="{{index}}"
        ></goods-card>
</view>
</view>
```

```
// pages/home/home.js
import goodsData from '../../data/goods-data'
Page({
    /**
     * 页面的初始数据
     */
    data: {
        swiperImages: [
            "/images/banner-1.jpg",
            "/images/banner-2.jpg",
            "/images/banner-3.jpg",
            "/images/banner-4.jpg"
        ],
        gridObjs: [
            {text: '美妆馆', icon: '/images/grid-8.png'},
            {text: '精致护理', icon: '/images/grid-5.png'},
            {text: '清洁洗护', icon: '/images/grid-1.png'},
            {text: '国际名牌', icon: '/images/grid-6.png'},
            {text: '去领券', icon: '/images/grid-2.png'},
            {text: '抢红包', icon: '/images/grid-3.png'},
            {text: '美妆会员', icon: '/images/grid-4.png'},
            {text: '全部', icon: '/images/grid-7.png'}
        ],
        goodsData: []
    },
```

< 235 >

```
    /**
     * 生命周期函数——监听页面加载
     */
    onLoad: function(options){
        this.setData({
            goodsData
        })
    },
    /**
     * 跳转商品详情
     */
    onClickGoods(event){
        // console.log(event.currentTarget.dataset.index);
        wx.navigateTo({
          url:
`/pages/goods-detail/goods-detail?goodsIndex=${event.currentTarget.dataset.
index}`,
        })
    },
    /**
     * 跳转到商品列表页
     */
    onClickGrid(){
        wx.navigateTo({
          url: '/pages/goods-list/goods-list',
        })
    }
})

// pages/home/home.wxss
.home-container {
    padding: 30rpx;
}
.swiper {
    border-radius: 15rpx;
    overflow: hidden;
    height: 300rpx;
}
.swiper-item-img {
    height: 100%;
    width: 100%;
}
.grid-body {
    margin: 30rpx 0rpx;
}
.hot-goods-list {
    margin: 30rpx 0rpx;
    clear: both;
}
```

15.3.2 商品列表页开发

在美妆商城首页点击宫格中的任意元素即可进入对应分类下的商品列表页。在商品列表页中，用

< 236 >

户可以通过"排序"按钮对商品进行排序。商品列表页代码如例 15.4 所示。

【例 15.4】商品列表页代码。

```json
// pages/goods-list/goods-list.json
{
  "usingComponents": {
    "van-tab": "@vant/weapp/tab/index",
    "van-tabs": "@vant/weapp/tabs/index",
    "van-card": "@vant/weapp/card/index"
  },
  "navigationBarTitleText": "商品列表"
}
```

```html
// pages/goods-list/goods-list.wxml
<view class="goods-list-container">
    <!— "排序" 按钮 -->
    <van-tabs
        class="top-tabs"
        active="{{sort}}"
        bind:change="onSortChange"
    >
        <van-tab title="新品"></van-tab>
        <van-tab title="销量"></van-tab>
        <van-tab title="价格"></van-tab>
    </van-tabs>
    <!-- 商品列表 -->
    <view class="goods-list-body">
        <van-card
            wx:for="{{goodsData}}"
            wx:key="index"
            thumb="{{item.smallPic}}"
            bindtap="onClickCard"
            data-index="{{index}}"
        >
            <view slot="title" class="goods-title">
                {{item.title}}
            </view>
            <view slot="num" class="goods-num">
                <view class="goods-price">
                    ¥{{item.price}}
                </view>
                <view class="goods-sale">
                    月销：{{item.sale}}
                </view>
            </view>
        </van-card>
    </view>
</view>
```

```js
// pages/goods-list/goods-list.js
import goodsData from '../../data/goods-data'
Page({
    /**
```

< 237 >

```
 * 页面的初始数据
 */
data: {
    sort: 0,
    goodsData: []
},
/**
 * 生命周期函数——监听页面加载
 */
onLoad: function(options){
    const goodsList=goodsData.sort((a,b)=>{
        return b.createTime-a.createTime
    })
    this.setData({
        goodsData: goodsList
    })
},
/**
 * 商品列表排序事件
 */
onSortChange(event){
    const index=event.detail.index
    let goodsList=[]
    switch (index){
        case 0:
            goodsList=goodsData.sort((a,b)=>{
                return b.createTime - a.createTime
            })
            this.setData({
                goodsData: goodsList
            })
            break;
        case 1:
            goodsList=goodsData.sort((a,b)=>{
                return b.sale-a.sale
            })
            this.setData({
                goodsData: goodsList
            })
            break;
        case 2:
            goodsList=goodsData.sort((a,b)=>{
                return a.price-b.price
            })
            this.setData({
                goodsData: goodsList
            })
            break;
    }
},
/**
 * 商品卡片点击事件
 */
onClickCard(event){
```

< 238 >

```
        wx.navigateTo({
          url:
`/pages/goods-detail/goods-detail?goodsIndex=${event.currentTarget.dataset.
index}`,
        })
    }
})

// pages/goods-list/goods-list.wxss
.goods-title {
    font-size: 30rpx;
    overflow: hidden;
    text-overflow: ellipsis;
    display:-webkit-box;
    -webkit-box-orient:vertical;
    -webkit-line-clamp:2;
}
.top-tabs {
    position: fixed;
    top: 0;
    z-index: 999;
    width: 100%;
}
.goods-list-body {
    margin-top: 90rpx;
}
.goods-num {
    display: flex;
    justify-content: space-between;
}
.goods-price {
    color: red;
    font-size: 30rpx;
    font-weight: 600;
}
```

15.3.3 商品详情页开发

无论是在美妆商城首页的热销商品版块中还是在商品列表页中，只要点击商品图片即可进入该商品的商品详情页。商品详情页展示了商品主图、商品价格、商品标题、商品详情等基本信息；在商品详情页底部设计了商品导航栏，用户可以通过该导航快速返回美妆商城首页或提交订单。商品详情页代码如例 15.5 所示。

【例 15.5】商品详情页代码。

```
// pages/goods-detail/goods-detail.json
{
  "usingComponents": {
    "van-divider": "@vant/weapp/divider/index",
    "van-goods-action": "@vant/weapp/goods-action/index",
    "van-goods-action-icon": "@vant/weapp/goods-action-icon/index",
    "van-goods-action-button": "@vant/weapp/goods-action-button/index",
    "van-icon": "@vant/weapp/icon/index"
  },
```

< 239 >

```
    "navigationBarTitleText": "商品详情"
}

// pages/goods-detail/goods-detail.wxml
<view class="goods-detail-container">
    <!--商品主图 -->
    <view class="goods-mainpic">
        <image class="goods-main-image" src="{{goods.mainPic}}" />
    </view>
    <!-- 商品信息 -->
    <view class="goods-msg">
        <view class="goods-price">
            ¥{{goods.price}}
        </view>
        <view class="goods-title">
            {{goods.title}}
        </view>
    </view>
    <!-- 商品详情 -->
    <van-divider contentPosition="center">
        商品详情
    </van-divider>
    <view class="goods-detail">
        <image
            wx:for="{{goods.details}}"
            wx:key="index"
            src="{{item}}"
            class="goods-detail-image"
        />
    </view>
    <!-- 底部导航 -->
    <van-goods-action>
        <van-goods-action-icon
            icon="shop-o"
            text="首页"
            bind:click="onBackHome"
        />
        <van-goods-action-icon
            text="收藏"
            bind:click="onStarChange"
            class="star-icon"
        >
            <view slot="icon">
                <van-icon
                    class="star-icon-class"
                    name="{{star ? 'star':'star-o'}}"
                    color="#fb0"
                />
            </view>
        </van-goods-action-icon>
        <van-goods-action-button text="立即购买" bind:click="onBuyGoods" />
    </van-goods-action>
</view>
```

< 240 >

```
// pages/goods-detail/goods-detail.js
import goodsData from '../../data/goods-data'
Page({
    /**
     * 页面的初始数据
     */
    data: {
        goods: {
            title: '',
            price: 0,
            mainPic: '',
            smallPic: '',
            details: [],
            createTime: 0,
            sale: 0
        },
        star: false,
        goodsIndex: -1
    },
    /**
     * 生命周期函数——监听页面加载
     */
    onLoad: function(options){
        this.setData({
            goods: goodsData[options.goodsIndex],
            goodsIndex: options.goodsIndex
        })
    },
    /**
     * 返回首页事件
     */
    onBackHome(){
        wx.navigateTo({
          url: '/pages/home/home',
        })
    },
    /**
     * 收藏商品事件
     */
    onStarChange(){
        this.setData({
            star: !this.data.star
        }, ()=>{
            wx.showToast({
              title: this.data.star ? '已收藏':'取消收藏',
              icon: this.data.star ? 'success':'none'
            })
        })
    },
    /**
     * 购买商品事件
     */
    onBuyGoods(event){
```

```
        wx.navigateTo({
          url:
`/pages/order-message/order-message?goodsIndex=${this.data.goodsIndex}`,
        })
    }
})

// pages/goods-detail/goods-detail.wxss
.goods-mainpic{
    height: 680rpx;
    width: 100%;
}
.goods-main-image{
    height: 100%;
    width: 100%;
}
.goods-price{
    margin: 30rpx 0rpx;
    box-sizing: border-box;
    padding-left: 20rpx;
    font-size: 50rpx;
    color: red;
}
.goods-title{
    margin-bottom: 30rpx;
    box-sizing: border-box;
    padding: 0rpx 20rpx;
}
.goods-detail-image{
    width: 100%;
}
.star-icon-class{
    font-size: 38rpx;
    margin-bottom: 8rpx;
}
```

15.3.4 订单信息页开发

在商品详情页中，点击底部导航栏中的"立即购买"按钮，即可进入订单信息页。在订单信息页中展示了当前要购买的商品基本信息、购物数量、应付总额等，还可以选择收货地址。订单信息页代码如例 15.6 所示。

【例 15.6】订单信息页代码。

```
// pages/order-message/order-message.json
{
  "usingComponents": {
    "van-icon": "@vant/weapp/icon/index",
    "van-card": "@vant/weapp/card/index",
    "van-stepper": "@vant/weapp/stepper/index",
    "van-submit-bar": "@vant/weapp/submit-bar/index",
    "van-cell": "@vant/weapp/cell/index",
    "van-button": "@vant/weapp/button/index"
  },
  "navigationBarTitleText": "订单信息"
```

< 242 >

```
}

// pages/order-message/order-message.wxml
<view class="order-message-container">
    <!-- 商品信息 -->
    <view class="order-title">
        <van-icon name="arrow-down" />
        商品信息
    </view>
    <view class="goods-message">
        <van-card
            thumb="{{goods.smallPic}}"
        >
            <view slot="title" class="goods-title">
                {{goods.title}}
            </view>
            <view slot="num" class="goods-num">
                <view class="goods-price">
                    ￥{{goods.price}}
                </view>
                <view class="goods-sale">
                    <van-stepper
                        value="{{buyNum}}"
                        bind:change="onBuyNumChange"
                    />
                </view>
            </view>
        </van-card>
    </view>
    <!-- 收货地址 -->
    <view class="order-title">
        <van-icon name="arrow-down" />
        收货地址
    </view>
    <view
        wx:if="{{address.name && address.phone && address.city}}"
        class="address-message"
    >
        <van-cell title="{{address.name}}">
            <view class="update-btn" bindtap="onUpdateAddress">
                修改
            </view>
        </van-cell>
        <view class="address-desc">
            <view class="phone">{{address.phone}}</view>
            <view class="city">{{address.city}}</view>
        </view>
    </view>
    <view wx:else class="add-btn">
        <van-button
            type="danger"
            round
            icon="plus"
            bindtap="onPlusAddress"
```

< 243 >

```
                >
                新增收货地址
            </van-button>
        </view>
    <!-- 底部导航 -->
    <van-submit-bar
        price="{{goods.price*buyNum*100}}"
        button-text="立即付款"
        bind:submit="onSubmit"
        />
</view>
```

```javascript
// pages/order-message/order-message.js
import goodsData from '../../data/goods-data'
Page({
    /**
     * 页面的初始数据
     */
    data: {
        goods: {
            title: '',
            price: 0,
            mainPic: '',
            smallPic: '',
            details: [],
            createTime: 0,
            sale: 0
        },
        buyNum: 1,
        address: {},
        goodsIndex: -1
    },
    /**
     * 修改地址
     */
    onUpdateAddress(){
        let {name, phone, city}=this.data.address
        wx.navigateTo({
          url:
`/pages/addressee/addressee?name=${name}&phone=${phone}&city=${city}&goodsIndex=
${this.data.goodsIndex}`,
        })
    },
    /**
     * 生命周期函数——监听页面加载
     */
    onLoad: function(options){
        const address={}
        if(options.name && options.phone && options.city){
            address.name=options.name
            address.phone=options.phone
            address.city=options.city
        }
        console.log(options);
```

< 244 >

```
            this.setData({
                goods: goodsData[options.goodsIndex],
                address,
                goodsIndex: options.goodsIndex
            })
        },
        /**
         * 修改购买数量事件
         */
        onBuyNumChange(event){
            this.setData({
                buyNum: event.detail
            })
        },
        /**
         * 新增收货地址
         */
        onPlusAddress(){
            wx.navigateTo({
              url:
              '/pages/addressee/addressee?goodsIndex=${this.data.goodsIndex}',
            })
        },
        /**
         * 立即付款事件
         */
        onSubmit(){
            wx.showLoading({
                title: '付款中',
            })
            setTimeout(function(){
              wx.hideLoading()
              wx.navigateTo({
                url: '/pages/order-result/order-result',
              })
            }, 2000)
        }
})

// pages/order-message/order-message.wxss
.order-message-container{
    padding: 20rpx;
}
.order-title{
    background-color: #eee;
    line-height: 60rpx;
    font-size: 25rpx;
    box-sizing: border-box;
    padding-left: 20rpx;
    font-weight: 600;
    margin: 20rpx 0rpx;
}
.goods-num{
    display: flex;
```

< 245 >

```
        justify-content: space-between;
}
.goods-price{
        color: red;
        font-size: 30rpx;
        font-weight: 600;
}
.address-desc{
        padding: 0rpx 30rpx;
        font-size: 28rpx;
        color: #888;
}
.update-btn{
        color: #37f;
}
.add-btn{
        text-align: center;
}
```

15.3.5 收货地址页开发

在提交订单时，用户需要选择自己的收货地址；如果收货地址改变了，就需要在订单信息页核对订单内容时修改收货地址。在订单信息页中，点击收货人区域的"修改"按钮，即可进入收货地址编辑页面。收货地址页代码如例15.7所示。

【例15.7】收货地址页代码。

```
// pages/addressee/addressee.json
{
  "usingComponents": {
    "van-field": "@vant/weapp/field/index",
    "van-cell-group": "@vant/weapp/cell-group/index",
    "van-area": "@vant/weapp/area/index",
    "van-popup": "@vant/weapp/popup/index",
    "van-button": "@vant/weapp/button/index"
  },
  "navigationBarTitleText": "修改收货地址"
}

// pages/addressee/addressee.wxml
<view class="addressee-container">
    <!-- 表单 -->
    <van-cell-group>
        <van-field
            value="{{name}}"
            required
            clearable
            label="姓名"
            placeholder="请输入"
            bind:click-icon="onClickIcon"
            border="{{true}}"
            bindinput="onNameInput"
        />
        <van-field
```

< 246 >

```
                    value="{{phone}}"
                    label="手机号"
                    placeholder="请输入"
                    required
                    clearable
                    border="{{true}}"
                    bindinput="onPhoneInput"
                />
                <van-field
                    value="{{city}}"
                    label="地址"
                    placeholder="请选择"
                    required
                    border="{{true}}"
                    bindfocus="onChangeCity"
                    bindinput="onCityInput"
                />
            </van-cell-group>
            <view class="btns">
                <van-button type="primary" round bindtap="onSave">
                    保存
                </van-button>
                <van-button type="warning" round bindtap="onBack">
                    取消
                </van-button>
            </view>
            <van-popup
                show="{{showAreaList}}"
                position="bottom"
                bind:click-overlay="onClosePopup"
            >
                <van-area
                    area-list="{{ areaList }}"
                    bind:confirm="onCityConfirm"
                    bind:cancel="onClosePopup"
                />
            </van-popup>
        </view>

// pages/addressee/addressee.js
import { areaList } from '@vant/area-data'
Page({
    /**
     * 页面的初始数据
     */
    data: {
        name: '',
        phone: '',
        city: '',
        areaList,
        showAreaList: false,
        goodsIndex: -1
    },
    /**
```

< 247 >

```
 * 生命周期函数——监听页面加载
 */
onLoad: function(options){
    this.setData({
        name: options.name,
        phone: options.phone,
        city: options.city,
        goodsIndex: options.goodsIndex
    })
},
/**
 * 选择地址
 */
onChangeCity(){
    this.setData({
        showAreaList: true
    })
},
/**
 * 点击地址选择遮罩层
 */
onClosePopup(){
    this.setData({
        showAreaList: false
    })
},
// 选择地址
onCityConfirm(event){
    const citys=event.detail.values
    this.setData({
        city: `${citys[0].name} ${citys[1].name} ${citys[2].name}`,
        showAreaList: false
    })
},
/**
 * 取消事件
 */
onBack(){
    wx.navigateBack({
      delta: 1,
    })
},
/**
 * 保存事件
 */
onSave(){
    const {name, phone, city}=this.data
    console.log(name);
    if (name===undefined || name===""){
        wx.showToast({
          title: '姓名不能为空',
          icon: 'error'
        })
        return
```

< 248 >

```
        }
        if (phone===undefined || phone===''){
            wx.showToast({
              title: '手机号不能为空',
              icon: 'error'
            })
            return
        }
        if (!(/^1[3456789]\d{9}$/.test(phone))){
            wx.showToast({
               title: '手机号有误',
               icon: 'error'
             })
             return
        }
        if (city===undefined || city===''){
            wx.showToast({
              title: '地址不能为空',
              icon: 'error'
            })
            return
        }
        wx.navigateTo({
          url:
'/pages/order-message/order-message?name=${name}&phone=${phone}&city=${city}
&goodsIndex=${this.data.goodsIndex}'
        })
    },
    /**
     * 姓名输入事件
     */
    onNameInput(event){
        this.setData({
            name: event.detail
        })
    },
    /**
     * 手机号输入事件
     */
    onPhoneInput(event){
        this.setData({
            phone: event.detail
        })
    },
    /**
     * 地址输入事件
     */
    onCityInput(event){
        this.setData({
            city: event.detail
        })
    }
})
```

< 249 >

```
// pages/addressee/addressee.wxss
.btns {
    display: flex;
    flex-direction: column;
    justify-content: center;
    align-items: center;
    margin-top: 200rpx;
}
.van-button {
    width: 500rpx;
    margin-bottom: 20rpx;
}
```

15.3.6 订单结果页开发

用户在订单信息页核对完订单信息后，可以点击底部的"立即付款"按钮，然后进入微信支付流程。等用户支付完成后，跳转到订单结果页，向用户反馈该订单支付的结果。订单结果页代码如例15.8所示。

【例15.8】订单结果页代码。

```
// pages/order-result/order-result.json
{
    "navigationBarTitleText": "付款成功"
}

// pages/order-result/order-result.wxml
<view class="order-result-container">
    <icon class="icon-img" type="success" size="93"></icon>
    <view class="pay-result">付款成功! </view>
</view>

// pages/order-result/order-result.wxss
.order-result-container{
    height: 500rpx;
    display: flex;
    flex-direction: column;
    justify-content: center;
    align-items: center;
}
.icon-img{
    margin-bottom: 50rpx;
}
.pay-result{
    font-weight: 600;
    font-weight: 30rpx;
    text-align: center;
}
```

15.4 项目测试

在美妆商城小程序中，需要测试的项目功能主要包括商品列表的排序、页面跳转、收货人地址修改以及编辑收货人地址时的表单验证。以收货人地址编辑时的表单验证为例，当用户提交地址信息时，

< 250 >

如果表单内的值为空或不满足相应的规则，则使用弹框提示，告诉用户需要填写的内容规则。

在表单校验时，使用了正则表达式来校验手机号码，表单正则校验代码如例 15.9 所示。

【例 15.9】表单正则校验代码。

```
// pages/addressee/addressee.js
import { areaList } from '@vant/area-data'
Page({
    /**
     * 页面的初始数据
     */
    data: {
        name: '',
        phone: '',
        city: '',
        areaList,
        showAreaList: false,
        goodsIndex: -1
    },
    /**
     * 保存事件
     */
    onSave(){
        const {name, phone, city}=this.data
        console.log(name);
        if (name===undefined || name===""){
            wx.showToast({
              title: '姓名不能为空',
              icon: 'error'
            })
            return
        }
        if (phone===undefined || phone===''){
            wx.showToast({
              title: '手机号码不能为空',
              icon: 'error'
            })
            return
        }
        // 正则表达式验证手机号码格式
        if (!(/^1[3456789]\d{9}$/.test(phone))){
            wx.showToast({
                title: '手机号码有误',
                icon: 'error'
              })
              return
        }
        if (city===undefined || city===''){
            wx.showToast({
              title: '地址不能为空',
              icon: 'error'
            })
            return
        }
```

< 251 >

```
wx.navigateTo({
  url: `/pages/order-message/order-message?
  name=${name}&phone=${phone}&city=${city}
  &goodsIndex=${this.data.goodsIndex}`
  })
  }
})
```

美妆商城小程序的上传和发布方法与第 14 章相似，此处不再赘述。

15.5 本章小结

　　只有把理论知识同具体实际相结合，才能正确回答实践提出的问题，扎实提升读者的理论水平与实战能力。本章介绍美妆商城小程序项目的基本开发流程。项目开发时，经常会用到第三方组件库，开发者需要根据项目的需求来选择适合当前项目的组件库。在小程序开发中，还经常会用到微信小程序平台提供的组件与 API 接口，这要求开发者熟练掌握小程序的开发文档，能够利用小程序的组件和 API 接口完成复杂的用户交互和模块功能。

< 252 >